1+X 证书制度试点培训用书

工业机器人操作与运维实训（初级）

谭志彬　主编

電子工業出版社
Publishing House of Electronics Industry
北京•BEIJING

内 容 简 介

本教材的编写以《工业机器人操作与运维职业技能等级标准》为依据，围绕工业机器人的人才需求与岗位能力进行内容设计。内容包括工业机器人安全操作，工业机器人机械拆装，工业机器人安装，工业机器人外围系统安装，工业机器人系统设置，工业机器人运动模式测试，工业机器人坐标系标定，工业机器人程序备份与恢复，工业机器人搬运码垛样例程序调试与运行，工业机器人常规检查，工业机器人本体定期维护 11 个实训项目；FANUC 工业机器人操作与维护，ABB 工业机器人搬运码垛样例程序调试与运行，多品种物料搬运码垛系统安装与调试，KUKA 工业机器人操作与编程 4 个案例。实训内容重点运用了"工业机器人安全操作规范""工业机器人技术基础""工业机器人现场编程""工业机器人维修维护"等核心知识。本教材以任务驱动的方式安排内容，选取工业机器人搬运码垛、工件搬运码垛典型应用作为教学案例。

本教材可作为 1+X 证书制度试点工作中的工业机器人操作与运维职业技能等级标准的教学和培训的教材，也可作为期望从事工业机器人操作与运维工作人员的自学参考书。

图书在版编目（CIP）数据

工业机器人操作与运维实训：初级 / 谭志彬主编．—北京：电子工业出版社，2019.10

ISBN 978-7-121-37867-6

Ⅰ.①工… Ⅱ.①谭… Ⅲ.①工业机器人－高等学校－教材 Ⅳ.①TP242.2

中国版本图书馆 CIP 数据核字（2019）第 252952 号

责任编辑：胡辛征　　　特约编辑：田学清
印　　刷：三河市龙林印务有限公司
装　　订：三河市龙林印务有限公司
出版发行：电子工业出版社
　　　　　北京市海淀区万寿路 173 信箱　　　邮编：100036
开　　本：787×1092　1/16　印张：8.5　　字数：185 千字
版　　次：2019 年 10 月第 1 版
印　　次：2020 年 11 月第 4 次印刷
定　　价：39.00 元

凡所购买电子工业出版社图书有缺损问题，请向购买书店调换。若书店售缺，请与本社发行部联系，联系及邮购电话：（010）88254888，88258888。

质量投诉请发邮件至 zlts@phei.com.cn，盗版侵权举报请发邮件至 dbqq@phei.com.cn。

本书咨询联系方式：（010）88254361，hxz@phei.com.cn。

前言

2019 年，国务院正式发布了《国家职业教育改革实施方案》，该方案要求把职业教育摆在更加突出的位置，对接科技发展趋势和市场需求，完善职业教育和培训体系，优化学校、专业布局，深化办学体制改革和育人机制改革，鼓励和支持社会各界特别是企业积极支持职业教育，着力培养高素质劳动者和技术技能人才，为促进经济社会发展和提高国家竞争力提供优质人才资源支撑。

实施职业技能等级证书制度培养复合型技能人才，是应对新一轮科技革命和产业变革的挑战、促进人才培养供给侧和产业需求侧结构要素全方位融合的重大举措；是促进职业院校加强专业建设、深化课程改革、增强实训内容、提高师资水平、全面提升教育教学质量的重要着力点；是促进教育链、人才链与产业链、创新链有机衔接的重要途径；对深化产教融合、校企合作，健全多元化办学体制，完善职业教育和培训体系有重要意义。

新一轮科技革命和产业变革的到来，推动了产业结构调整与经济转型升级发展新业态的出现。在战略性新兴产业爆发式发展的同时，新一轮科技革命和产业变革对新时代产业人才的培养提出了新的要求与挑战。工业和信息化部教育与考试中心在 2018 年发布的《工业机器人应用人才现状与需求调研报告》中提出，目前我国工业机器人应用产业开始加速发展，工业机器人已广泛应用于汽车及汽车零部件制造业、机械加工行业、电子电气行业、橡胶及塑料工业、食品工业、木材与家具制造业等领域，弧焊机器人、点焊机器人、分拣机器人、装配机器人、喷涂机器人及搬运机器人等都已被大量采用。工业机器人标准化、模块化、网络化和智能化的程度越来越高，功能也越来越强，正向着成套技术和装备的方向发展。随着工业机器人应用领域的不断拓宽，出现了人才短缺与发展不均衡的问题，目前工业机器人本体制造企业、系统集成企业、应用企业对工业机器人操作与运维人才的需求量较大。

工业和信息化部教育与考试中心多年来致力于工业和信息通信业的人才培养和选拔工作，在实施工业和信息化人才培养工程的基础上，依据教育部有关落实《国家职业教育改革实施方案》的相关要求，以客观反映现阶段行业的水平和对从业人员的要求为目标，在遵循有关技术规程的基础上，以专业活动为导向，以专业技能为核心，组织了以企业工程师、高职和本科院校的学术带头人为主的专家团队，开发了《工业机器人操作与运维实训（初级）》教材。本教材的编写工作在北京奔驰汽车有限公司、双元职教（北京）科技有限公司、山东栋梁科技设备有限公司的大力支持下，以《工业机器人操作与运维职业技能等级标准》的职业素养、职业专业技能等内容为依据，以工作项目为模块，依照工作任务进行组编。

工业机器人操作与运维初级、中级、高级人员主要是围绕现阶段智能制造工业机器人行业应用技术发展水平，以工业机器人本体制造企业、系统集成企业、应用企业 3 种不同类型企业对从业人员的要求为目标，培养具有良好的安全生产意识、节能环保意识，遵循工业安全操作规程和职业道德规范，精通工业机器人基本结构，能够依据工业机器人应用方案、机械装配图、电气原理图和工艺指导文件指导并完成工业机器人系统的安装、调试及标定，能够对工业机器人进行复杂程序（抛光打磨、焊接）的操作及调整，能够发现工业机器人的常规及异常故障并进行处理，能够进行预防性维护的技能型人才。

教材的主要内容包括工业机器人安全操作，工业机器人机械拆装，工业机器人安装，工业机器人外围系统安装，工业机器人系统设置，工业机器人运动模式测试，工业机器人坐标系标定，工业机器人程序备份与恢复，工业机器人搬运码垛样例程序调试与运行，工业机器人常规检查，工业机器人本体定期维护 11 个实训项目；FANUC 工业机器人操作与维护，ABB 工业机器人搬运码垛样例程序调试与运行，多品种物料搬运码垛系统安装与调试，KUKA 工业机器人操作与编程 4 个案例。

本教材突出案例教学，在全面、系统地介绍各项目内容的基础上，以实际工业生产中的现场典型工作任务为案例，将理论知识和案例结合起来。教材内容全面，由浅入深，详细介绍了工业机器人在应用中涉及的核心技术和技巧，并重点讲解了读者在学习过程中难以理解和掌握的知识点，降低了读者的学习难度。本教材主要用于 1+X 证书制度试点教学、中高职院校工业机器人专业教学、全国工业和信息化信息技术人才培训、工业机器人应用企业内训等。

编　者

2019 年 10 月

目 录

项目1 工业机器人安全操作

项目导言

本项目对工业机器人安全准备工作和通用安全操作要求进行了详细的讲解，并设置了丰富的实训任务，可以使读者通过实操掌握工业机器人安全操作事项。

项目目标

（1）全面了解工业机器人系统中存在的安全风险。

（2）遵守通用安全操作规范，安装、维护、操作工业机器人。

（3）正确穿戴工业机器人安全作业服和安全防护装备。

- 工业机器人安全操作
  - 安全准备工作
  - 通用安全操作要求

任务 1.1　安全准备工作

【任务描述】

根据某工业机器人工作站的安全操作指导书，了解工业机器人系统中存在的安全风险，并能够在操作工业机器人系统之前正确穿戴工业机器人安全作业服和安全防护装备。

【任务目标】

（1）了解工业机器人系统中存在的安全风险。

（2）正确穿戴工业机器人安全作业服和安全防护装备。

【所需工具、文件】

安全操作指导书、安全帽、安全作业服、安全防护鞋。

【课时安排】

建议 2 学时，其中，学习相关知识 1 学时；练习 1 学时。

【工作流程】

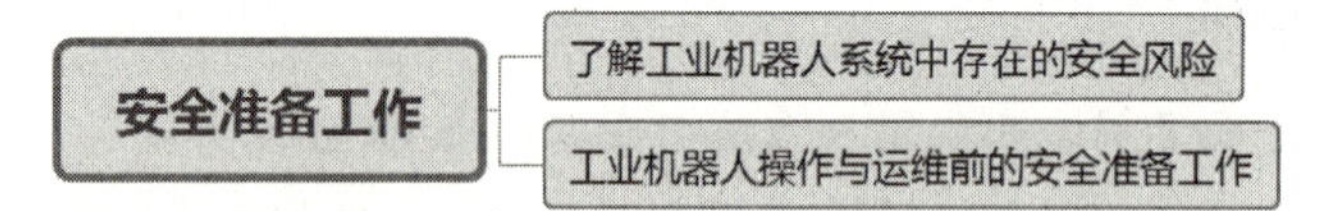

1.1.1　了解工业机器人系统中存在的安全风险

工业机器人是一种自动化程度较高的智能装备。在操作工业机器人前，操作人员需要先了解工业机器人操作或运行过程中可能存在的各种安全风险，并能够对安全风险进行控制，需要关注的安全风险主要包括以下几个方面。

1. 工业机器人系统非电压相关的安全风险

工业机器人系统非电压相关的安全风险包括以下几项。

（1）工业机器人的工作空间前方必须设置安全区域，防止他人擅自进入，可以配备安全光栅或感应装置作为配套装置。

（2）如果工业机器人采用空中安装、悬挂或其他并非直接坐落于地面的安装方式，可能会比直接坐落于地面的安装方式存在更多的安全风险。

（3）在释放制动闸时，工业机器人的关节轴会受到重力影响而坠落。除了可能受到运动的工业机器人部件撞击外，还可能受到平行手臂的挤压（如有此部件）。

（4）工业机器人中存储的用于平衡某些关节轴的电量可能在拆卸工业机器人或其部件时释放。

（5）在拆卸/组装机械单元时，请提防掉落的物体。

(6)注意运行中或运行结束的工业机器人及控制器中存在的热能。在实际触摸之前，务必先用手在一定距离感受可能会变热的组件是否有热辐射。如果要拆卸可能会变热的组件，请等到它冷却后，或者采用其他方式进行预处理。

（8）切勿将工业机器人当作梯子使用，这可能会损坏工业机器人，由于工业机器人的电动机可能会产生高温，或工业机器人可能会发生漏油现象，所以攀爬工业机器人会存在严重的滑倒风险。

2. 工业机器人系统电压相关的安全风险

工业机器人系统电压相关的安全风险包括以下几项。

（1）尽管有时需要在通电情况下进行故障排除，但是在维修故障、断开或连接各单元时必须关闭工业机器人系统的主电源开关。

（2）工业机器人主电源的连接方式必须保证操作人员可以在工业机器人的工作空间之外关闭整个工业机器人系统。

（3）在系统上操作时，确保没有其他人可以打开工业机器人系统的电源。

（4）注意控制器的以下部件伴有高压危险。

① 注意控制器（直流链路、超级电容器设备）存有电能。

② I/O 模块之类的设备可由外部电源供电。

③ 主电源开关。

④ 变压器。

⑤ 电源单元。

⑥ 控制电源（230V AC）。

⑦ 整流器单元（262/400～480V AC 和 400/700V DC）。

⑧ 驱动单元（400/700V DC）。

⑨ 驱动系统电源（230V AC）。

⑩ 维修插座（115/230V AC）。

⑪ 用户电源（230V AC）。

⑫ 机械加工过程中的额外工具电源单元或特殊电源单元。

⑬ 即使已断开工业机器人与主电源的连接，控制器连接的外部电压仍存在。

⑭ 附加连接。

（5）注意工业机器人以下部件伴有高压危险。

① 电动机电源（高达 800V DC）。

② 末端执行器或系统中其他部件的用户连接（最高 230V AC）。

（6）需要注意末端执行器、物料搬运装置等的带电风险。

请注意，即使工业机器人系统处于关机状态，末端执行器、物料搬运装置等也可能是带电的。在工业机器人工作过程中，处于运行状态的电缆可能会出现破损。

1.1.2 工业机器人操作与运维前的安全准备工作

任何负责安装、维护、操作工业机器人的人员务必阅读并遵循以下通用安全操作规范。

（1）只有熟悉工业机器人并且经过工业机器人安装、维护、操作方面培训的人员才允许安装、维护、操作工业机器人。

（2）安装、维护、操作工业机器人的人员在饮酒、服用药品或兴奋药物后，不得安装、维护、使用工业机器人。

（3）安装、维护、操作工业机器人的人员必须有意识地对自身安全进行保护，必须主动穿戴安全帽、安全作业服、安全防护鞋。

（4）在安装、维护工业机器人时必须使用符合安装、维护要求的专用工具，安装、维护工业机器人的人员必须严格按照安装、维护说明手册或安全操作指导书中的步骤进行安装和维护。

安全准备工作任务操作表如表 1-1 所示。

表 1-1　安全准备工作任务操作表

序　号	操 作 要 求
1	熟悉安全生产规章制度
2	正确穿戴工业机器人安全作业服，防止当零部件掉落时砸伤操作人员
3	正确穿戴工业机器人安全帽，防止工业机器人系统零部件的尖角或在操作工业机器人末端执行器工作时划伤操作人员

任务 1.2　通用安全操作要求

【任务描述】

某公司开始进行工业机器人工作站的安装，安装人员已经可以正确穿戴工业机器人安全作业服与安全防护装备，请根据安全生产规章制度，对安装人员进行安全操作技能培训。

【任务目标】

（1）培养安全生产意识。

（2）正确识读工业机器人安全标识。

（3）正确识别工业机器人安全姿态及安全区域。

（4）正确判断工业机器人周边是否安全。

【所需工具、文件】

工业机器人安全标识、安全操作指导书。

【课时安排】

建议 2 学时，其中，学习相关知识 1 学时；练习 1 学时。

【工作流程】

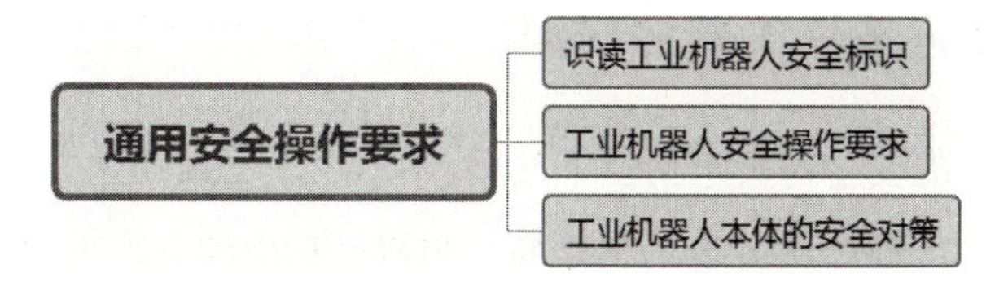

任务实施

1.2.1 识读工业机器人安全标识

在从事与工业机器人操作相关的作业时，一定要注意相关的警告标识，并严格按照相关标识的指示执行操作，以此确保操作人员和工业机器人本体的安全，并逐步提高操作人员的安全防范意识和生产效率。

常用的工业机器人安全标识有危险提示、转动危险提示、叶轮危险提示、螺旋危险提示等 16 种安全标识。

1.2.2 工业机器人安全操作要求

工业机器人在工作时其工作空间都是危险场所，稍有不慎就有可能发生事故。因此，相关操作人员必须熟知工业机器人安全操作要求，从事安装、操作、保养等操作的相关人员，必须遵守运行期间安全第一的原则。操作人员在使用工业机器人时需要注意以下事项。

（1）避免在工业机器人的工作场所周围做出危险行为，接触工业机器人或周边机械有可能造成人身伤害。

（2）为了确保安全，在工厂内请严格遵守“严禁烟火”“高电压”“危险”“无关人员禁止入内”等标识。

（3）不要强制搬动、悬吊、骑坐在工业机器人上，以免造成人身伤害或者设备损坏。

（4）绝对不要依靠在工业机器人或者其他控制柜上，不要随意按动开关或者按钮，否则工业机器人会发生意想不到的动作，造成人身伤害或者设备损坏。

（5）当工业机器人处于通电状态时，禁止未接受培训的操作人员触摸工业机器人控制柜和示教器，否则工业机器人会发生意想不到的动作，造成人身伤害或者设备损坏。

1.2.3 工业机器人本体的安全对策

工业机器人本体的安全对策包括以下几项。

（1）工业机器人的设计应去除不必要的凸起或锐利的部分，采用适应作业环境的材料，以及在工作中不易发生损坏或事故的安全防护结构。此外，应在工业机器人的使用过程中配备错误动作检测停止功能和紧急停止功能，以及当外围设备发生异常时防止工业机器人造成危险的连锁功能等，保证操作人员安全作业。

（2）工业机器人主体为多关节的机械臂结构，在工作过程中各关节角度不断变化。当进行示教等作业，必须接近工业机器人时，请注意不要被关节部位夹住。各关节动作端设有机械挡块，操作人员被夹住的可能性很高，尤其需要注意。此外，若解除制动器，机械臂可能会因自身重量而掉落或朝不定方向乱动。因此必须实施防止掉落的措施，并确认周围环境安全后，再行作业。

（3）在末端执行器及机械臂上安装附带机器时，螺钉应严格按照本书规定的尺寸和数量，再使用扭矩扳手按规定扭矩进行紧固。此外，不得使用生锈或有污垢的螺钉。规定外的和不完善的紧固螺钉的方法可能会使螺钉出现松动，从而导致重大事故的发生。

（4）在设计、制作末端执行器时，应将末端执行器的质量控制在工业机器人腕部的负荷容许范围内。

（5）应采用安全防护结构，即使当末端执行器的电源或压缩空气的供应被切断时，也不会发生末端执行器抓取的物体被放开或飞出的事故，并对工业机器人边角部位或突出部位进行处理，防止对人造成伤害或物造成损坏。

（6）严禁向工业机器人供应规格外的电力、压缩空气、焊接冷却水，这些会影响工业机器人的动作性能，引起异常动作、故障或损坏等。

（7）大型系统由多名操作人员进行作业，操作人员必须在相距较远处进行交谈时，应使用正确手势传达意图，如图 1-1 所示。

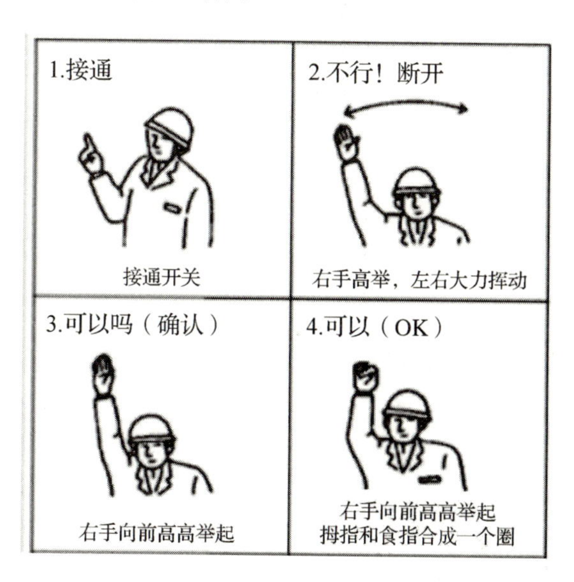

图 1-1　操作人员手势

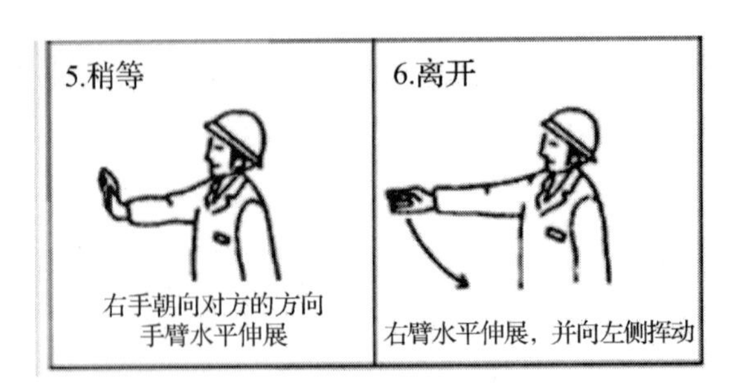

图 1-1　操作人员手势（续）

通用安全操作要求任务操作表如表 1-2 所示。

表 1-2　通用安全操作要求任务操作表

序　号	操 作 要 求
1	正确识读工业机器人安全标识
2	正确识别工业机器人安全姿态及安全区域
3	熟悉安全操作要求和安全生产规章制度
4	熟悉工业机器人本体的安全对策

项目2 工业机器人机械拆装

项目导言

本项目围绕工业机器人安装岗位的职责和企业实际生产中工业机器人机械拆装等内容，对工业机器人系统外部拆包的方法和流程，以及机械拆装工具与测量工具进行了详细的讲解，并设置了丰富的实训任务，可以使读者通过实操进一步掌握工业机器人系统外部拆包的方法和流程。

项目目标

（1）培养工业机器人系统外部拆包的能力。

（2）掌握机械拆装工具与测量工具的功能和使用方法。

工业机器人机械拆装
- 工业机器人系统外部拆包
- 常用工具的认识

任务 2.1 工业机器人系统外部拆包

【任务描述】

在安装某工作站的工业机器人之前，需要先将未拆包的工业机器人、控制柜、示教器从包装箱中取出，再根据实际情况选择合适的拆包工具，最后根据实训指导手册完成工业机器人系统的外部拆包。

【任务目标】

（1）确认拆包前包装箱的外观没有破损，并确认拆包过程中需要使用的工具。

（2）根据实训指导手册完成对工业机器人系统的外部拆包。

【所需工具、文件】

斜口钳、撬棒、一字螺丝刀、纯棉手套、实训指导手册。

【课时安排】

建议 2 学时，其中，学习相关知识 1 学时；练习 1 学时。

【工作流程】

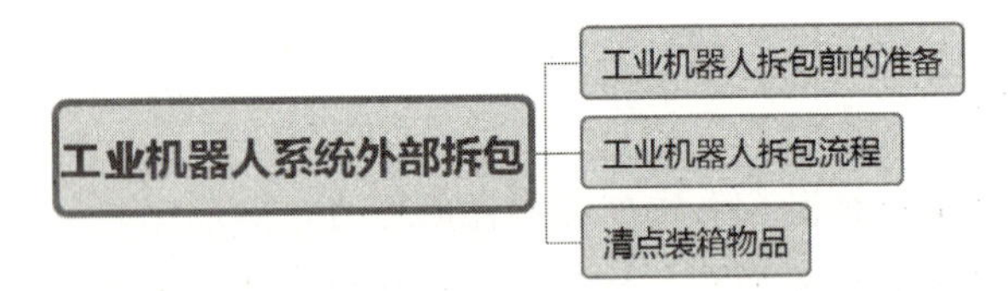

2.1.1 工业机器人拆包前的准备

工业机器人拆包前的准备如下所示。

（1）第一时间检查包装箱的外观是否有破损，是否有进水等异常情况，如果有问题请马上联系厂家及物流公司进行处理。

（2）观察包装箱的形式，选择合适的拆包工具。

2.1.2　工业机器人拆包流程

工业机器人拆包流程如下所示。

（1）剪断包装箱上的绑带。

（2）拆木箱时，先拆木箱顶盖，再拆木箱四周。

2.1.3　清点装箱物品

工业机器人由工业机器人本体、驱动系统及控制系统 3 个基本部分组成。

在标准的发货清单中，工业机器人系统包括 4 项内容，即工业机器人本体、工业机器人控制柜、供电电缆（工业机器人本体与控制柜之间的电缆）、示教器。另外会有安全说明、出厂清单、基本操作说明书和装箱清单等文档。工业机器人系统外部拆包任务操作表如表 2-1 所示。

表 2-1　工业机器人系统外部拆包任务操作表

序　　号	操 作 步 骤
1	第一时间检查包装箱的外观是否有破损，是否有进水等异常情况
2	使用工具剪断包装箱上的绑带
3	拆木箱时先拆木箱顶盖，再拆木箱四周
4	打开工业机器人的保护塑料膜，检查工业机器人本体与控制柜的外观
5	根据出厂清单，核对部件数量

任务 2.2　常用工具的认识

【任务描述】

在进行工业机器人本体和控制柜的拆装之前，需要先认识并了解机械拆装过程中的机械拆装工具和测量工具的功能和使用方法，然后根据工业机器人本体、控制柜的实际情况，结合实训指导手册选用机械拆装工具和测量工具。

【任务目标】

（1）掌握机械拆装工具的使用方法。

（2）掌握机械测量工具的使用方法。

（3）掌握电气测量工具的使用方法。

（4）根据生产工艺和要求正确选用测量工具。

【所需工具】

内六角扳手、活动扳手、螺丝刀、扭矩扳手、卡尺、千分尺、水平尺、试电笔、数字万用表。

【课时安排】

建议 2 学时，其中，学习相关知识 1 学时；练习 1 学时。

【工作流程】

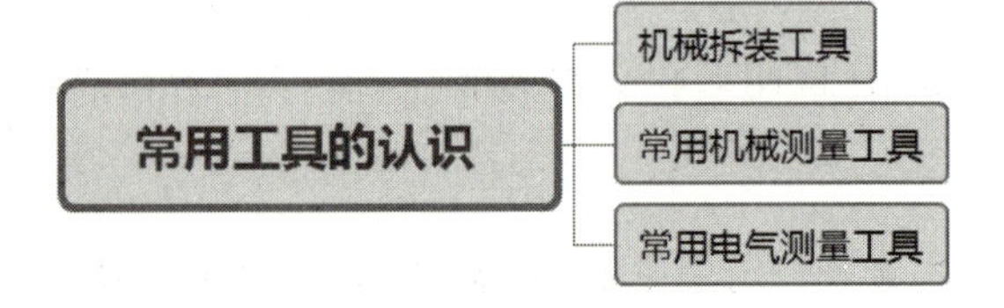

2.2.1 机械拆装工具

1）内六角扳手

工业机器人系统需要大量使用内六角圆柱头螺钉、六角半沉头螺钉进行安装固定。内六角扳手规格（单位 mm）：1.5、2、2.5、3、4、5、6、8、10、12、14、17、19、22、27，内六角扳手实物图如图 2-1 所示。

2）活动扳手

活动扳手简称活扳手，其开口宽度可在一定范围内进行调节，是一种用于紧固和起松不同规格螺母和螺栓的工具，如图 2-2 所示。

3）螺丝刀

螺丝刀是一种用于拧转螺钉使其就位的工具，通常有一个薄楔形或十字形头，可插入螺钉头部的槽缝或凹口内。螺丝刀在拧转螺钉时利用了轮轴的工作原理，轮轴越大越省力，所以与细把的螺丝刀相比，使用粗把的螺丝刀拧螺钉更省力。螺丝刀主要包括一字（负号）螺丝刀和十字（正号）螺丝刀两种类型，如图 2-3 所示。

图 2-1　内六角扳手实物图　　　　图 2-2　活动扳手实物图

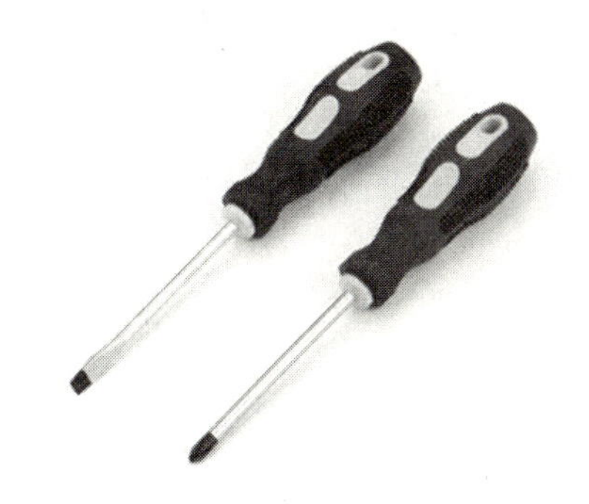

图 2-3　螺丝刀实物图

4）扭矩扳手

扭矩扳手是一种带有扭矩测量机构的拧紧测量工具，它用于紧固螺栓和螺母，并能够测量出拧紧时的扭矩值。扭矩扳手的精度分为 7 个等级，分别为 1 级、2 级、3 级、4 级、5 级、6 级、7 级，等级越高精度越低。表盘式扭矩扳手如图 2-4 所示。

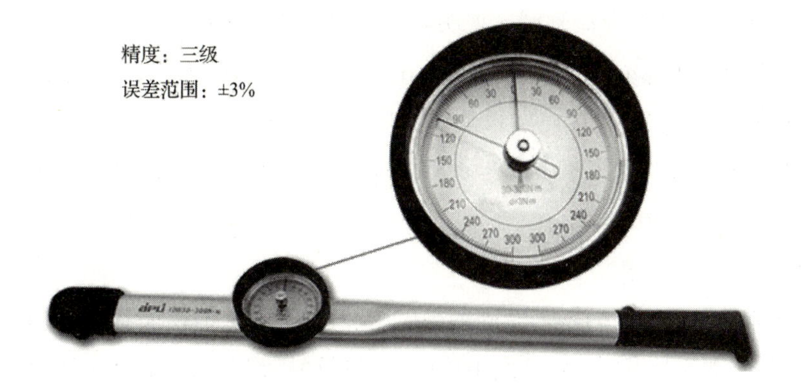

图 2-4　表盘式扭矩扳手

使用扭矩扳手时的注意事项如下所示。

（1）根据工件所需的扭矩值要求，确定预设扭矩值。

（2）在设置预设扭矩值时，将扭矩扳手手柄上的锁定环下拉，同时转动手柄，调节标尺主刻度线和微分刻度线数值至所需扭矩值。调节好后，松开锁定环，手柄自动锁定。

（3）在扭矩扳手方榫上安装相应规格的套筒，并套住紧固件，再慢慢施加外力。施加外力的方向必须与标明的箭头方向一致。拧紧时当听到“咔嗒”的一声（已达到预设扭矩值）时，停止施加外力。

（4）在使用大规格扭矩扳手时，可外加接长套杆以便节省操作人员的力气。

（5）扭矩扳手若长期不用，调节其标尺刻度线至扭矩最小数值处。

2.2.2 常用机械测量工具

常用的机械测量工具有卡尺、千分尺、水平尺等。

1）卡尺

卡尺一般用于测量外径、内径和深度。卡尺主要有游标卡尺、带标卡尺、数显卡尺等。游标卡尺示意图如图 2-5 所示。

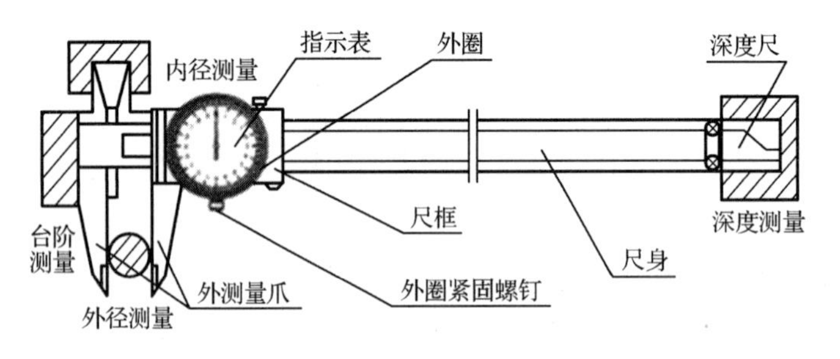

图 2-5 游标卡尺示意图

下面以 10 分度游标卡尺为例，说明游标卡尺的读数原理。

游标尺上两个相邻刻度之间的距离为 0.9mm，比主尺上两个相邻刻度之间的距离小 0.1mm。读数时先从主尺上读出厘米数和毫米数，然后用游标尺读出 0.1 毫米位的数值，游标尺的第几条刻度线跟主尺上某一条刻度线对齐，0.1 毫米位就读零点几毫米。游标卡尺的读数精确到 0.1mm。

2）千分尺

千分尺又称为螺旋测微器、螺旋测微仪、分厘卡等，是比游标卡尺更精密的测量长度的工具，用它测量长度可以精确到 0.01mm，测量范围为几厘米。千分尺示意图如图 2-6 所示。

千分尺的测量原理：精密螺纹的螺距为 0.5mm，即旋钮旋转一周，测量螺杆前进或后退 0.5mm。可动微分筒上的刻度等分为 50 份，每一小格表示 0.01mm。

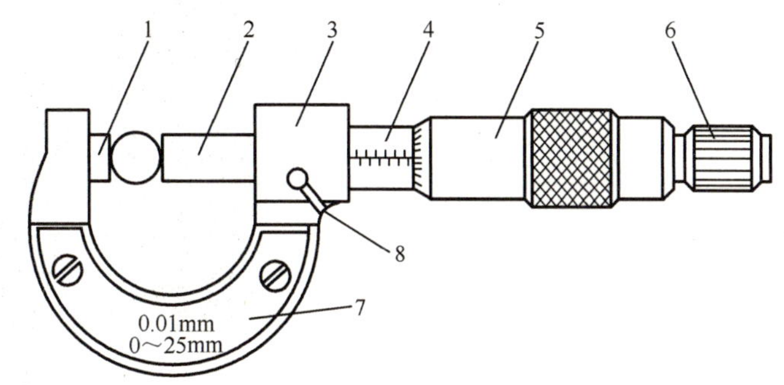

1—测砧；2—测微螺杆；3—螺母套管；4—固定套管；5—微分筒；6—棘轮旋柄；7—尺架；8—锁紧装置

图 2-6　千分尺示意图

3）水平尺

水平尺是一种利用液面水平原理，通过水准泡直接显示角位移，测量被测表面相对水平位置、垂直位置、倾斜位置偏离程度的测量工具。主要用于建筑、装修、装饰行业中地面、墙面、门窗、玻璃幕墙的平整度、倾斜度、水平度、垂直度的测量。水平尺实物图如图 2-7 所示。

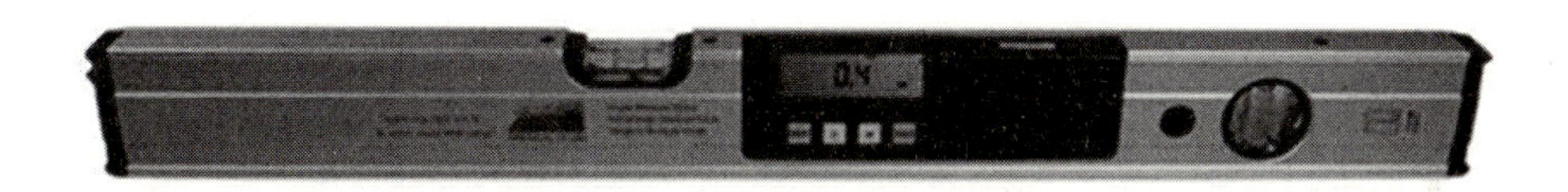

图 2-7　水平尺实物图

常见水平尺的精度为 0.02mm。水平尺的刻度每格表示 0.02mm，即每有一格的偏差代表被测物体在一米长度内有一头高出了 0.02mm。

2.2.3　常用电气测量工具

常用电气测量工具有试电笔、数字万用表等。

1）试电笔

试电笔也叫测电笔，简称电笔，是一种电工工具，用于测试导线中是否带电。试电笔的笔体中有一个氖泡，测试时如果氖泡发光，说明该导线有电或该导线为通路的火线。试电笔实物图如图 2-8 所示。

2）数字万用表

数字万用表可用于测量直流电压、交流电压、直流电流、交流电流、电阻、电容、频率、电池、二极管等。数字万用表实物图如图 2-9 所示。

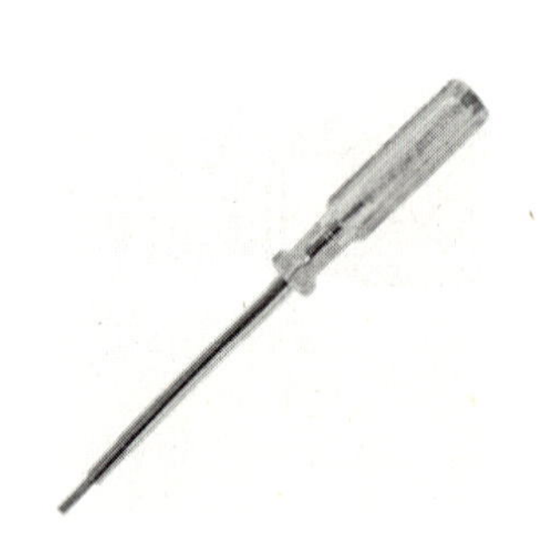

图 2-8　试电笔实物图

图 2-9　数字万用表实物图

常用工具的认识任务操作表如表 2-2 所示。

表 2-2　常用工具的认识任务操作表

序　号	操 作 步 骤
1	认识机械拆装工具
2	将测量工具分为机械测量工具和电气测量工具
3	根据分类不同，将测量工具归类并放在相应的位置

项目 3
工业机器人安装

项目导言

本项目围绕工业机器人运维岗位的职责和企业实际生产中工业机器人运维的工作内容，讲解了识读工业机器人工作站的机械布局图的方法，介绍了按照工业机器人工作站的机械布局图安装工业机器人本体、工业机器人控制柜、工业机器人示教器、工业机器人末端执行器的方法，并设置了丰富的实训任务，可以使读者通过实操进一步掌握工业机器人的本体、控制柜、示教器、末端执行器的安装方法。

项目目标

（1）培养识读工业机器人工作站机械布局图的能力。

（2）培养安装工业机器人本体的能力。

（3）培养安装工业机器人控制柜的能力。

（4）培养安装工业机器人示教器的能力。

（5）培养安装工业机器人末端执行器的能力。

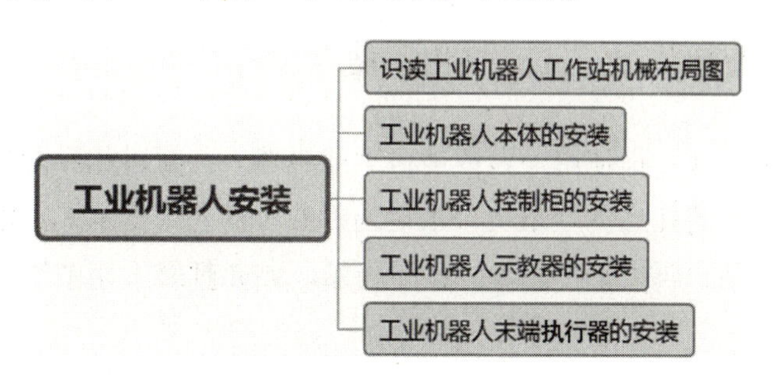

任务 3.1　识读工业机器人工作站机械布局图

【任务描述】

根据某工业机器人工作站的机械布局图，识别并确定工业机器人工作站台面上各工艺单元和主要部件的安装位置，了解各工艺单元的功能。

【任务目标】

（1）根据工业机器人工作站的机械布局图，识别工业机器人工作站台面上各工艺单元和主要部件的安装位置。

（2）了解工业机器人工作站各工艺单元的功能。

【所需文件】

工业机器人工作站的机械布局图。

【课时安排】

建议 3 学时，其中，学习相关知识 1 学时；练习 2 学时。

【工作流程】

识读工业机器人工作站机械布局图
- 了解工业机器人工作站的组成
- 了解各工艺单元的功能

任务实施

3.1.1　了解工业机器人工作站的组成

工业机器人工作站是指使用一台或多台工业机器人，配以相应的外围设备，用于完成某一特定工序作业的独立生产系统，也称为工业机器人工作单元。常见的工业机器人工作站有搬运工作站、码垛工作站、焊接工作站、抛光打磨工作站等。

工业机器人工作站主要由工业机器人、电气控制系统、工装系统、人机界面、专用系统等辅助设备及其他外围设备组成。

3.1.2 了解各工艺单元的功能

1）工业机器人

用于现场作业的工业机器人是工业机器人工作站的核心，包括工业机器人的本体、控制柜、示教器。

2）电气控制系统

电气控制系统包括工业机器人工作站的驱动线路及控制部分，如 PLC 控制系统。电气控制系统控制、管理整个作业过程。

3）工装系统

工装系统用于工件的固定、操作、加工等作业，包括工业机器人的末端执行器。

4）人机界面

人机界面包括触摸屏、操作面板等，操作人员通过人机界面操作工业机器人工作站进行生产作业。

5）专用系统

在一些行业中，工业机器人的集成应用需要配置专用系统，如焊接系统、喷胶系统、打磨系统等。这些专用系统能够完成特定工艺的工作。

识读工业机器人工作站机械布局图任务操作表如表 3-1 所示。

表 3-1 识读工业机器人工作站机械布局图任务操作表

序 号	操 作 步 骤
1	了解工业机器人工作站的组成
2	分析工业机器人工作站的布局结构
3	识别工业机器人工作站各工艺单元和主要部件的安装位置
4	了解工业机器人工作站各工艺单元的功能
5	分析工业机器人工作站的工作流程

任务 3.2 工业机器人本体的安装

【任务描述】

操作人员已经识读了工业机器人工作站的机械布局图，了解了工业机器人工作站的构成，请根据机械装配图，确认合适的安装位置，选择合适的安装工具和标准件，完成对工业机器人本体的安装。

【任务目标】

（1）确定安装位置。

（2）根据安装工艺卡完成对工业机器人本体的安装。

【所需工具、文件】

内六角扳手、机械装配图、安装工艺卡。

【课时安排】

建议 2 学时，其中，学习相关知识 1 学时；练习 1 学时。

【工作流程】

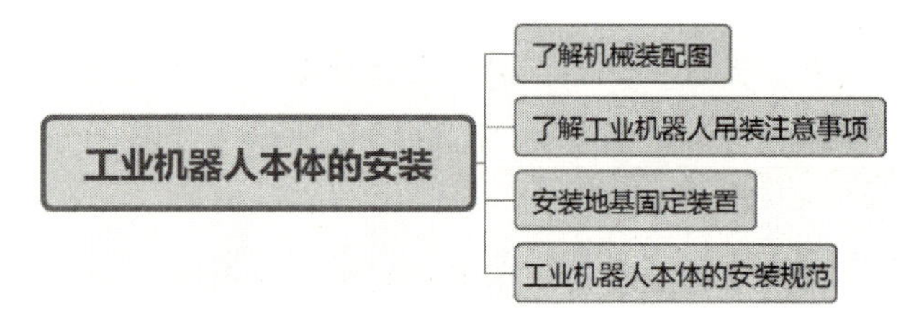

任务实施

3.2.1 了解机械装配图

机械装配图是生产中重要的技术文件，它主要表达了机器或部件的结构、形状、装配关系、工作原理和技术要求。在设计机器或部件的过程中，一般先根据设计思想画出机械装配示意图，再根据机械装配示意图画出机械装配图，最后根据机械装配图画出零件图（拆图）。机械装配图是安装、调试、操作、检修工业机器人工作站的重要依据。

3.2.2 了解工业机器人吊装注意事项

原则上使用行车等机械对工业机器人进行吊装，搬运示意图如图 3-1 所示。在吊装时，软吊绳的安装方法如图 3-1 所示，将 J2 和 J3 调整到如图 3-1 所示位置。为了保证工业机器人的外观不被磨损，在工业机器人与软吊绳的接触处用防护软垫等物体进行保护。

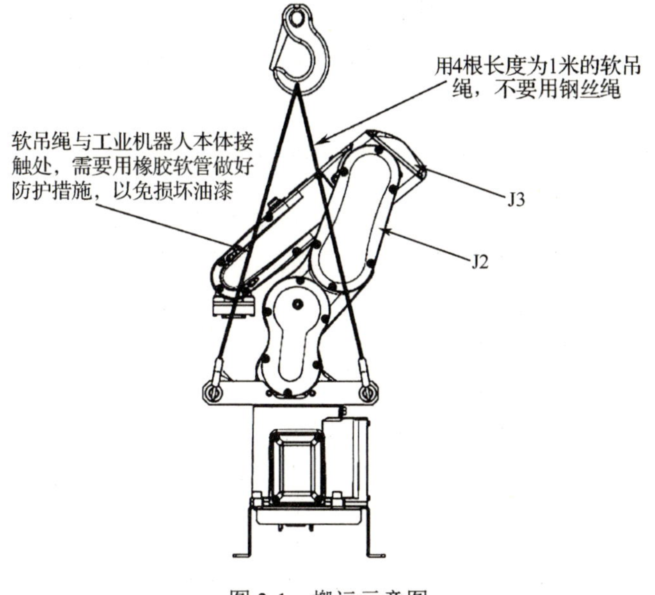

图 3-1 搬运示意图

3.2.3 安装地基固定装置

针对带定中装置的地基固定装置，通过底板和锚栓（化学锚栓）将工业机器人固定在合适的混凝土地基上。地基固定装置由带固定件的销和剑形销、六角螺栓及蝶形垫圈、底板、锚栓、注入式化学锚固剂和动态套件等组成。

如果混凝土地基的表面不够光滑和平整，则用合适的工具和修整方法将其调整至平整。如果使用锚栓（化学锚栓），则只能使用同一个生产商生产的化学锚固剂和地脚螺栓（螺杆），在钻取锚栓孔时，不得使用金刚石钻头或者底孔钻头，最好使用锚栓生产商生产的钻头，另外还要注意遵守有关使用化学锚栓的生产商的说明。

3.2.4 工业机器人本体的安装规范

安装、维护、操作工业机器人的人员务必阅读并遵循以下通用安全操作规范。

（1）只有熟悉工业机器人并且经过工业机器人安装、维护、操作方面培训的人员才允许安装、维护、操作工业机器人。

（2）安装、维护、操作工业机器人的人员在饮酒、服用药品或兴奋药物后，不得安装、维护、使用工业机器人。

（3）安装、维护、操作工业机器人的人员必须有意识地对自身安全进行保护，必须主动穿戴安全帽、安全作业服、安全防护鞋。

（4）在安装、维护工业机器人时必须使用符合安装、维护要求的专用工具，安装、维护工业机器人的人员必须严格按照安装、维护说明手册或安全操作指导书中的步骤进行安装和维护。

工业机器人本体的安装任务操作表如表3-2所示。

表3-2　工业机器人本体的安装任务操作表

序　　号	操作步骤
1	准备安装工具、机械装配图、安装工艺卡及安装需要的标准件
2	根据机械装配图确认工业机器人本体的安装位置，并做好安装位置标记
3	根据安装位置标记安装地基固定装置
4	根据吊装手册，将工业机器人调整到吊装状态
5	移动行车，紧固吊装板，使用软吊绳吊装工业机器人本体
6	将工业机器人本体吊装在地基固定装置上，选择固定标准件，安装固定工业机器人本体
7	根据安装孔距调整工业机器人本体的位置，紧固螺栓
8	使用扭矩扳手检查螺栓的安装力矩，并使用记号笔做好防松标记
9	安装工业机器人底座定位销，完成工业机器人本体的安装

任务3.3　工业机器人控制柜的安装

【任务描述】

某工业机器人工作站已完成对工业机器人本体的安装，接下来需要完成对工业机器人控制柜的安装及线路连接。在认识了工业机器人控制柜的内部结构和组成后，根据机械布局图、安装工艺卡及电气原理图完成工业机器人控制柜的安装与线路连接。

【任务目标】

（1）了解工业机器人控制柜的内部结构和组成。

（2）根据机械布局图，确定工业机器人控制柜的安装位置。

（3）根据安装工艺卡完成对工业机器人控制柜的安装。

（4）根据电气原理图，完成对工业机器人本体与控制柜的线路连接。

【所需工具、文件】

内六角扳手、活动扳手、机械布局图、安装工艺卡、电气原理图、一字螺丝刀、十字螺丝刀、数字万用表、剥线钳、压线钳。

【课时安排】

建议1学时，其中，学习相关知识0.5学时；练习0.5学时。

【工作流程】

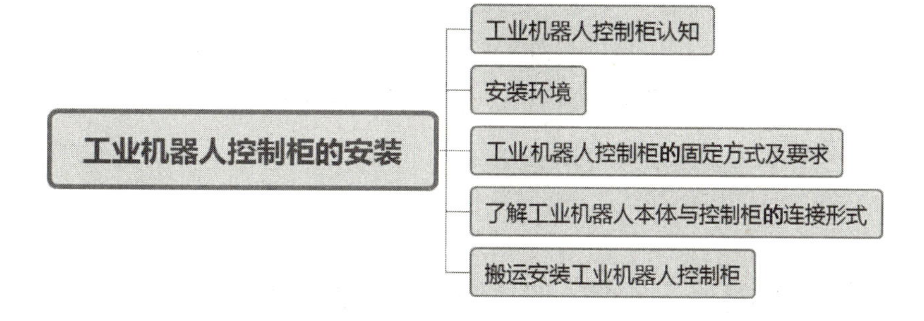

任务实施

3.3.1　工业机器人控制柜认知

工业机器人控制柜是工业机器人必不可少的组成部分，其内部包括控制柜系统、伺服电动机驱动器、低压器件等精密元器件，是决定工业机器人功能和性能的主要组成部分，对工业机器人的安全和稳定运行起到了至关重要的作用。工业机器人控制柜的基本功能有记忆、位置伺服、坐标设定。

3.3.2　安装环境

工业机器人控制柜的安装环境应注意以下几项。

（1）在操作期间，安装环境的温度应为0℃～45℃（32℉～113℉）；在搬运及维修期间，安装环境的温度应为-10℃～60℃（14℉～140℉）。

（2）安装环境的湿度必须低于结露点（相对湿度低于10%RH）。

（3）安装环境的灰尘、粉尘、油烟、水较少。

（4）在作业区内不允许有易燃品及腐蚀性液体和气体。

（5）安装环境为对控制柜的振动或冲击能量小的场所，振动等级低于 0.5G（4.9m/s^2）。

（6）附近没有大的电器噪声源，如气体保护焊（TIG）设备等。

3.3.3 工业机器人控制柜的固定方式及要求

工业机器人控制柜的固定方式及要求如下所示。

（1）必须直立地储存、搬运和安装控制柜。当多个控制柜在一起放置时，注意控制柜应间隔一定距离，以免通风口排热不畅。

（2）为柜门活动预留一定空间，使柜门可以打开 180°，以方便内部元器件的维修和更换。在控制柜后方也要预留一定位置，方便打开背面板进行元器件的维修和更换。

（3）当工业机器人的工作环境振动较大或控制柜离地放置时，还需要将控制柜固定于地面或工作台上。

3.3.4 了解工业机器人本体与控制柜的连接形式

工业机器人本体与控制柜之间的电缆用于工业机器人电动机、工业机器人电动机控制装置的电源，以及编码器接口板的反馈。工业机器人控制柜与工业机器人本体的连接包括与控制部分连接和与电源连接。电气连接插口因工业机器人的型号不同而略有差别，但大致是相同的。

电缆两端均采用重载连接器方式进行连接，但两端的重载连接器的出线方式、线标方式均不同，连接的接插件也不同。出线方式分为侧出式和中出式。

3.3.5 搬运、安装工业机器人控制柜

控制柜的搬运、安装需要根据安装工艺卡确定安装方式，安装注意事项如下所示。

（1）确认控制柜的质量，使用承载质量大于控制柜质量的钢丝绳进行起吊。

（2）在起吊前安装吊环螺栓，并确认吊环螺栓固定牢固，在起吊后将控制柜搬运至指定位置。

（3）根据安装工艺卡及现场要求，选用固定标准件，安装固定控制柜。

工业机器人控制柜安装任务操作表如表 3-3 所示。

表 3-3 工业机器人控制柜安装任务操作表

序 号	操 作 步 骤
1	准备安装工具、机械布局图、安装工艺卡、电气原理图及安装需要的标准件
2	根据机械布局图、安装工艺卡、电气原理图确认机械部件的安装位置及电缆连接，并做好标记
3	根据吊装工艺，使用钢丝绳吊装工业机器人控制柜，将工业机器人控制柜吊装到安全位置
4	根据安装工艺卡及现场要求，选用固定标准件，安装固定控制柜
5	根据电气原理图，连接控制柜电源线，以及工业机器人控制柜与本体的连接线
6	使用扭矩扳手检查螺铨的安装力矩，并使用记号笔做好防松标记
7	使用数字万用表，根据电气原理图，测量工业机器人本体与控制柜连接电缆连接的正确性
8	接通电源，检查控制柜电源是否正常

任务 3.4 工业机器人示教器的安装

【任务描述】

某工业机器人工作站已完成对工业机器人本体与控制柜的安装及线路连接，请根据安装工艺卡及电气原理图完成工业机器人示教器与控制柜的连接。

【任务目标】

（1）了解工业机器人示教器的外观布局。

（2）根据安装工艺卡完成对工业机器人示教器的安装。

（3）根据电气原理图完成对工业机器人示教器与控制柜的连接。

【所需工具、文件】

内六角扳手、安装工艺卡、电气原理图、一字螺丝刀、十字螺丝刀、数字万用表。

【课时安排】

建议 1 学时，其中，学习相关知识 0.5 学时；练习 0.5 学时。

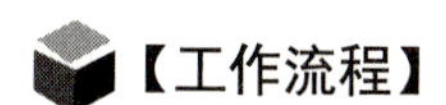

【工作流程】

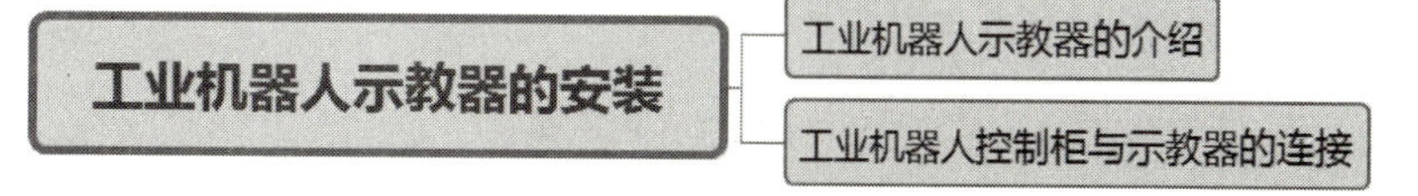

任务实施

3.4.1 工业机器人示教器的介绍

工业机器人示教器是一个人机交互设备。通过工业机器人示教器，操作人员可以操作工业机器人运动、完成示教编程、实现对系统的设定、对工业机器人的故障进行诊断等。

工业机器人示教器的外观如图 3-2 所示。

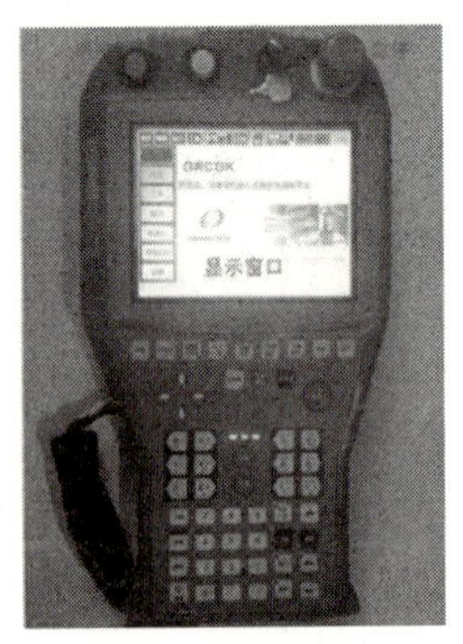

（a）示教器正面

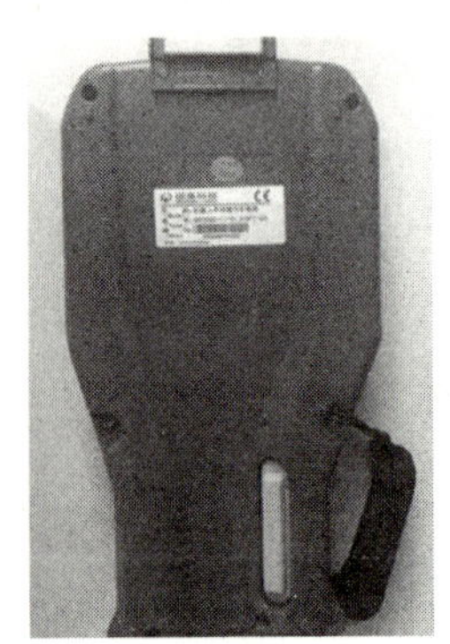

（b）示教器反面

图 3-2 工业机器人示教器的外观

3.4.2 工业机器人控制柜与示教器的连接

工业机器人控制柜与示教器通过专用电缆进行连接，示教器专用电缆如图 3-3 所示。电缆的一端连接在示教器侧面的接口处，可以热插拔；电缆的另一端连接在控制柜面板上的示教器连接插槽内。

图 3-3 示教器专用电缆

工业机器人示教器的安装任务操作表如表 3-4 所示。

表 3-4 工业机器人示教器的安装任务操作表

序 号	操作步骤
1	准备安装工具、安装工艺卡、电气原理图及需要的标准件
2	根据安装工艺卡、电气原理图确认机械部件的安装位置及电缆连接，并做好标记
3	根据安装工艺卡及标识，固定示教器托架
4	根据电气原理图安装示教器
5	利用数字万用表查看电缆连接是否正确
6	系统上电，查看示教器是否可以正常显示

任务 3.5 工业机器人末端执行器的安装

【任务描述】

请根据安装工艺卡确认工业机器人末端执行器的安装角度，选择合适的安装工具，完成对某工业机器人末端执行器的安装。

【任务目标】

（1）根据安装工艺卡确认工业机器人末端执行器的安装角度。

（2）根据安装工艺卡完成对工业机器人末端执行器的安装。

【所需工具、文件】

内六角扳手、安装工艺卡、气动原理图、气管钳。

【课时安排】

建议 2 学时，其中，学习相关知识 1 学时；练习 1 学时。

【工作流程】

工业机器人末端执行器的安装
- 识读安装工艺卡
- 了解末端执行器的安装注意事项及方法
- 工业机器人末端执行器的安装实操

3.5.1 识读安装工艺卡

根据安装工艺卡，选择合适的标准件。

3.5.2 了解末端执行器的安装注意事项及方法

末端执行器的常见形式有夹钳式、夹板式和抓取式，每种末端执行器都有与其配套的作业装置，使末端执行器能够实现相应的作业功能。

1. 安装注意事项

（1）在安装末端执行器前，务必看清图纸或与设计人员沟通，确认在该工位的工业机器人应配备的末端执行器的型号，设计人员有义务向安装人员进行说明，并进行安装指导。

（2）确定末端执行器相对于工业机器人法兰盘的安装方向。为了确保工业机器人能正常运行程序，并节约调试工期，末端执行器的正确安装非常重要。

2. 安装方法

（1）确定工业机器人法兰盘手腕的安装尺寸，如图 3-4 所示。

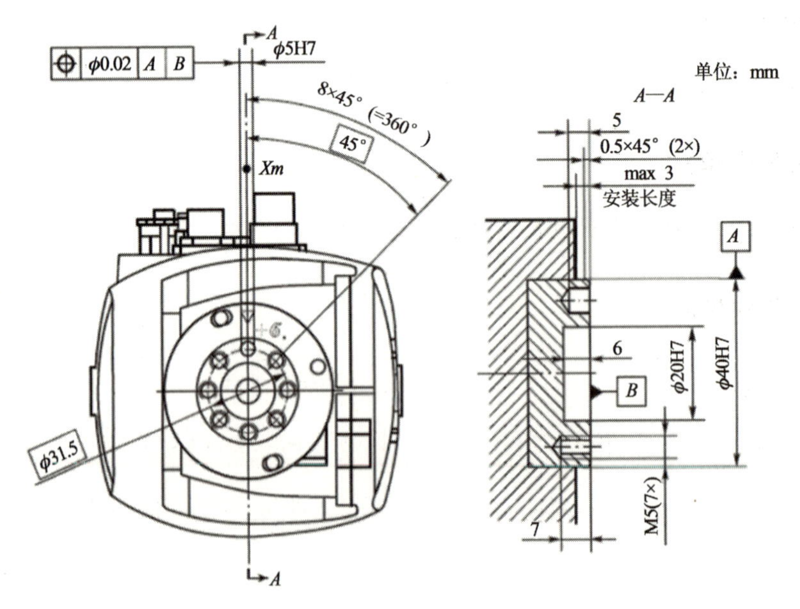

图 3-4 法兰盘的安装尺寸

（2）准备安装末端执行器应使用的工具、量具及标准件。

（3）调整工业机器人末端法兰盘的方向，使用扭矩扳手将工业机器人侧的工具快换装置安装到法兰盘上并进行固定，如图3-5所示。

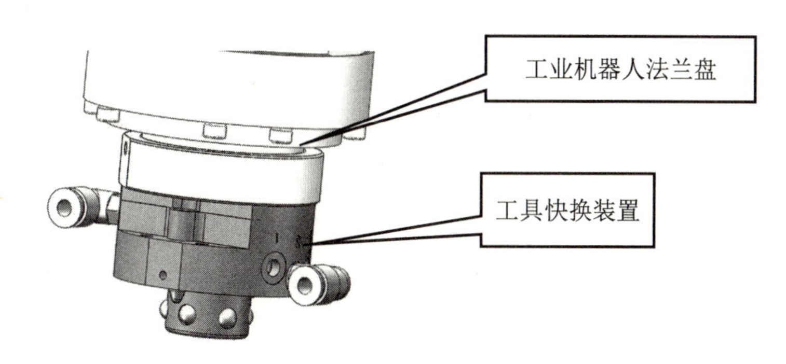

图3-5　工业机器人侧的工具快换装置安装

（4）确定方向，将末端执行器与工具侧的工具快换装置进行连接。

（5）如果末端执行器使用气动部件，则连接气路；如果末端执行器使用电气控制，则在工业机器人本体上走线。

3.5.3　工业机器人末端执行器的安装实操

工业机器人末端执行器的安装任务操作表如表3-5所示。

表3-5　工业机器人末端执行器的安装任务操作表

序　号	操作步骤
1	准备安装工具、安装工艺卡及需要的标准件
2	根据安装工艺卡确认机械部件的安装位置，并做好标记
3	根据安装工艺卡，将末端执行器移动至工业机器人末端处，并调整末端执行器的安装角度
4	选择需要的固定螺栓，将末端执行器固定在工业机器人末端
5	根据气动原理图，连接末端执行器的气路，并查看连接是否正确
6	使用扭矩扳手，检查螺栓的安装力矩，使用记号笔做好防松标记，确认无误后安装末端执行器定位销
7	接通气源，查看末端执行器是否正常运作

项目4 工业机器人外围系统安装

项目导言

本项目围绕工业机器人安装岗位的职责和企业实际生产中工业机器人的外围系统安装的工作内容，对工业机器人外围系统的安装工艺和安装方法进行了详细的讲解，并设置了丰富的实训任务，可以使读者通过实操进一步理解工业机器人外围系统的安装操作流程和工艺。

项目目标

（1）培养识读电气原理图的能力。

（2）培养使用电气安装工具、气动安装工具的能力。

（3）培养规范电气安装工艺的能力。

- 工业机器人外围系统安装
  - 识读工作站电气布局图
  - 电气系统的连接与检测
  - 搬运码垛单元的安装

任务 4.1　识读工作站电气布局图

【任务描述】

某工作站需要完成电气系统线路的连接，在进行电气系统线路的连接之前需要先了解工作站的电气布局图，通过识读工作站的电气布局图确定电气控制柜中电气设备的安装位置。

【任务目标】

（1）掌握电气布局图的设计原则。

（2）根据电气布局图，了解工作站电气系统的构成。

【所需文件】

电气布局图。

【课时安排】

建议 3 学时，其中，学习相关知识 1 学时；练习 2 学时。

【工作流程】

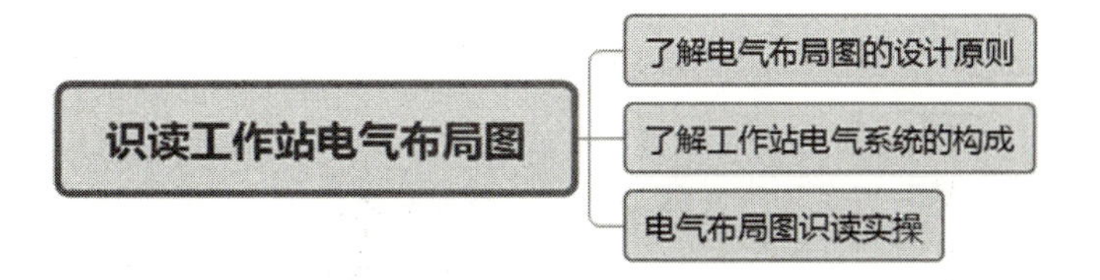

4.1.1　了解电气布局图的设计原则

电气布局图主要用于表明各种电气设备在机械设备和电气控制柜中的实际安装位置，为设备的制造、安装、维护、维修提供必要的资料，绘制电气布局图应遵循以下原则。

（1）必须遵循相关国家标准设计和绘制电气布局图。

（2）在布置相同类型的电气元件时，应把体积较大和较重的电气元件安装在控制柜或面板的下方。

（3）会发热的电气元件应该安装在控制柜或面板的上方或后方，但热继电器一般安装在接触器下面，方便热继电器与电动机和接触器的连接。

（4）需要经常维护、整理和检修的电气元件、操作开关、监视仪器仪表等，它们的安装位置应高低适宜，以便操作人员进行操作。

（5）强电、弱电应该分开走线，注意屏蔽层的连接，防止干扰的窜入。

（6）电气元件的布置应考虑安装间隙，并尽可能做到整齐、美观。

4.1.2 了解工作站电气系统的构成

电气系统是指由低压供电组合部件构成的系统，也称为低压配电系统或低压配电线路。某工作站的电气布局图，如图 4-1 所示。从图 4-1 中可分析出电气系统的构成及电气元件的实际位置。

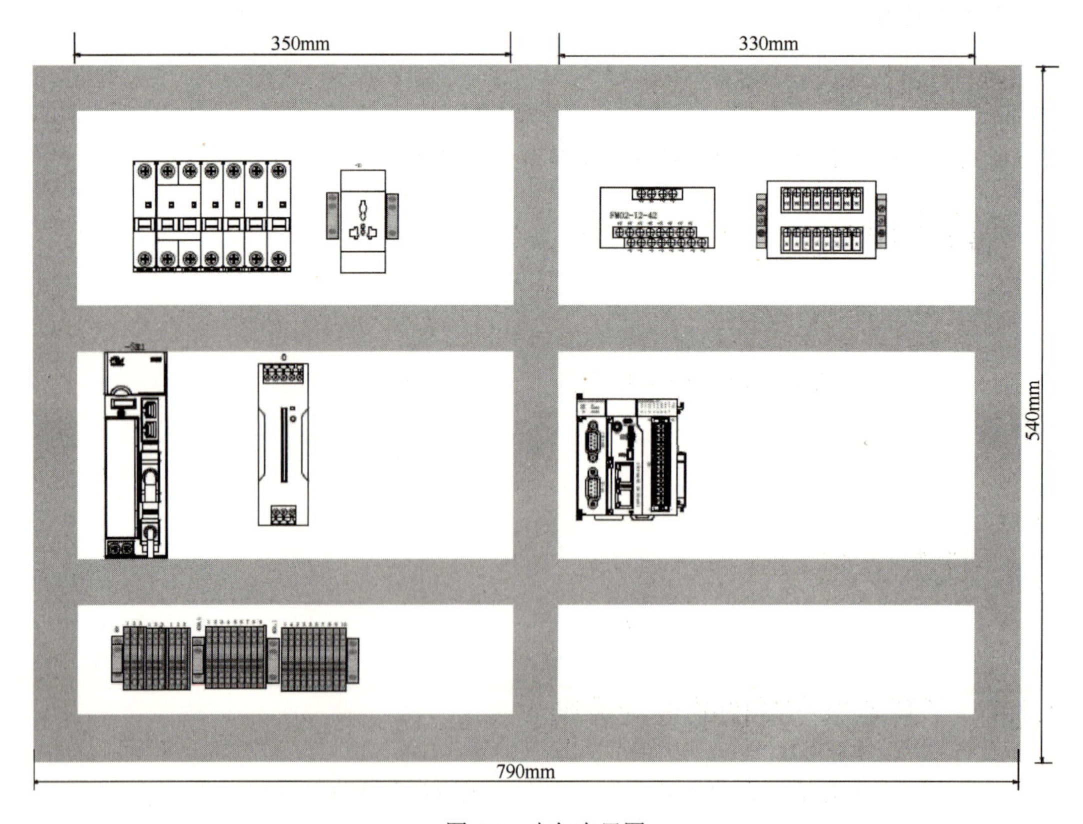

图 4-1 电气布局图

4.1.3　电气布局图识读实操

识读工作站电气布局图任务操作表如表 4-1 所示。

表 4-1　识读工作站电气布局图任务操作表

序　号	操 作 步 骤
1	认识工作站电气系统中的电气元件
2	掌握电气元件的实际安装位置
3	根据电气布局图，分析电气元件的安装方法

任务 4.2　电气系统的连接与检测

【任务描述】

某工作站的操作人员已完成了机械结构的安装，并已识读了工作站的电气布局图，请你根据电气原理图和气动原理图，完成外围控制系统的安装。

【任务目标】

（1）根据电气原理图，完成工业机器人控制柜供电电源的连接。

（2）根据电气原理图，完成工业机器人外部 I/O 接线的连接。

（3）根据气动原理图，完成外围设备气动回路的搭建。

【所需工具、文件】

剥线钳、压线钳、一字螺丝刀、十字螺丝刀、数字万用表、电气原理图、气动原理图。

【课时安排】

建议 2 学时，其中，学习相关知识 1 学时；练习 1 学时。

【工作流程】

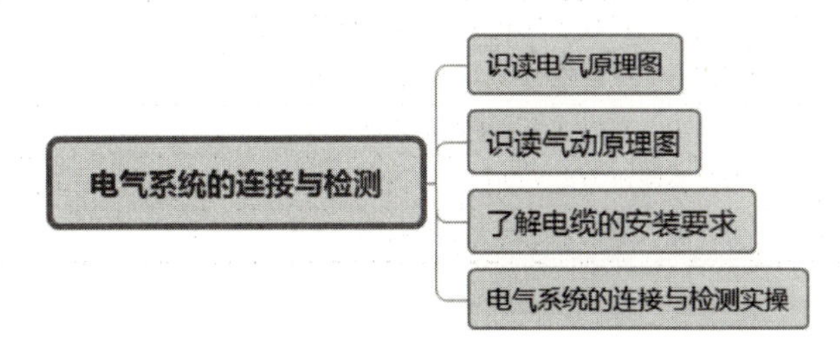

4.2.1 识读电气原理图

根据电气原理图，确定工业机器人本体与控制柜之间连接电缆的安装接口；完成工业机器人控制柜供电电源的连接，完成工业机器人外部 I/O 接线的连接。

4.2.2 识读气动原理图

根据气动原理图，完成外围设备气动回路的搭建。

4.2.3 了解电缆的安装要求

电缆安装前需要检查以下几项。

（1）电缆型号、规格、长度、绝缘强度、耐压、耐热、最小截面面积、机械性能应符合技术要求。

（2）电缆外观没有破损，电缆封装严密。

（3）电缆与电器连接时，端部与终端紧固附件绞紧，不得松散、断股。

4.2.4 电气系统的连接与检测实操

电气系统的连接与检测任务操作表如表 4-2 所示。

表 4-2 电气系统的连接与检测任务操作表

序号	操作步骤
1	准备安装工具、安装工艺卡、电气原理图、气动原理图及需要的标准件
2	根据安装工艺卡、电气原理图确认机械部件的安装位置及电缆连接，并做好标记
3	根据安装工艺卡和电气原理图，完成工业机器人外部 I/O 接线的连接
4	根据电气原理图，使用数字万用表，检验 I/O 连接是否正确
5	根据气动原理图，完成电磁阀与执行设备的气路搭建
6	根据生产工艺要求，完成气路、电路的绑扎
7	打开气源，调整系统压力，手动按下电磁阀手动按钮，检查管路是否正确
8	打扫周围卫生，完成电气系统的连接与检测

任务 4.3　搬运码垛单元的安装

【任务描述】

某工作站已完成工业机器人机械接口和控制系统的安装，请根据工作站的机械装配图、电气布局图、气动原理图完成搬运码垛单元的安装。

【任务目标】

（1）根据工作站的机械装配图，确认搬运码垛单元部件的安装位置。

（2）根据电气布局图完成电气元件的安装。

（3）根据机械装配图及气动原理图，完成气动元件的安装及气动回路的搭建。

【所需工具、文件】

内六角扳手、气管剪、机械装配图、电气布局图、气动原理图、一字螺丝刀、十字螺丝刀、数字万用表。

【课时安排】

建议 3 学时，其中，学习相关知识 1 学时；练习 2 学时。

【工作流程】

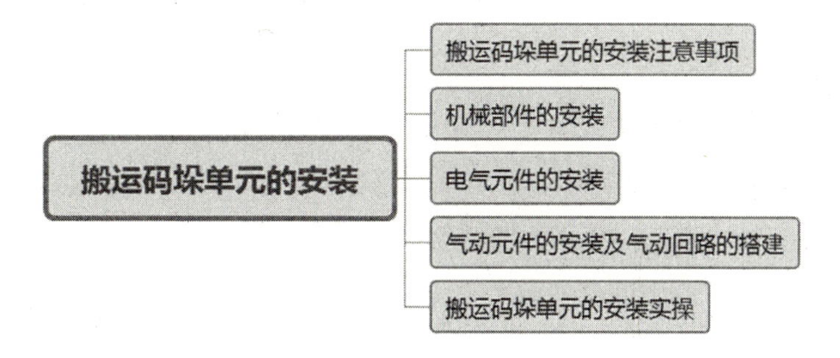

任务实施

4.3.1 搬运码垛单元的安装注意事项

安装搬运码垛单元时需要注意以下事项。

（1）在安装时一定要按照机械装配图标记放置工作模块，工作模块必须安装在工业机器人的工作空间。

（2）根据先机械，再电气，最后搭建气动回路的顺序进行安装。

（3）在安装工作模块前，仔细查看工作模块是否组装牢固，以及工作模块是否有损伤。在安装工作模块时，根据工作模块的大小，选择合适的辅助工具进行移动安装。

4.3.2 机械部件的安装

根据机械装配图确定安装部件、安装尺寸、安装基准线、安装工艺。

4.3.3 电气元件的安装

电气元件的安装顺序如下所示。

（1）安装前，确定安装的电气元件没有损坏。

（2）根据电气布局图画线定位，确定电气元件的安装位置与方向。

（3）将电气元件安装到正确位置。

（4）确认安装需要的螺栓、螺母的规格。

（5）安装合适的垫片。

（6）对角依次紧固螺栓但不用完全紧固。

（7）再次对安装的部件进行微调。

（8）完全紧固电气元件。

（9）检查安装的部件是否符合安装标准。

4.3.4 气动元件的安装及气动回路的搭建

气动元件的安装及气动回路的搭建过程如下所示。

（1）根据气动原理图画线定位，确定气动元件的安装位置与方向，将气动元件安装到正确位置。

（2）规划气动回路的安装路径。

（3）根据气动原理图正确连接气动回路。

4.3.5 搬运码垛单元的安装实操

搬运码垛单元的安装任务操作表如表4-3所示。

表4-3 搬运码垛单元的安装任务操作表

序号	操作步骤
1	准备安装工具、机械装配图、电气布局图、气动原理图及安装需要的标准件
2	根据机械装配图确认安装位置，并做好安装位置标记
3	根据工作模块的大小，选择合适的辅助工具，将工作模块移动到安装位置标记处
4	根据安装工艺及要求，将搬运码垛工作模块调整到合适位置，并固定
5	使用扭矩扳手检查螺栓的安装力矩，使用记号笔进行防松标记，确认无误后安装定位销
6	根据电气布局图、气动原理图完成I/O模块连接与气动回路搭建，使用数字万用表检验I/O连接的正确性
7	打开气源，调整系统压力，手动按下电磁阀手动按钮，检查工作模块是否可以正常运行

项目5 工业机器人系统设置

项目导言

本项目围绕工业机器人调试岗位的职责和企业实际生产中调试工业机器人的工作内容，对工业机器人的示教器操作环境配置、运行模式和运行速度的调整，以及常用信息的查看进行了详细的讲解，并设置了丰富的实训任务，可以使读者通过实操进一步理解工业机器人的基本操作技能。

项目目标

（1）培养规范使用工业机器人示教器的意识。

（2）培养安全操作工业机器人的意识。

（3）培养设置示教器语言与参数的能力。

（4）培养设定工业机器人运行模式和运行速度的能力。

（5）培养查看工业机器人常用信息的能力。

- 工业机器人系统设置
  - 示教器操作环境配置
  - 工业机器人的运行模式及运行速度设置
  - 查看工业机器人的常用信息

任务 5.1 示教器操作环境配置

【任务描述】

某工作站已完成机械部件和电气元件的安装工作，请根据电气原理图，检测安装线路的正确性，完成系统的上电工作，设置示教器的语言和参数，方便后期对示教器的使用。

【任务目标】

（1）根据电气原理图检测电路，完成系统的上电工作。

（2）设置工业机器人的语言为中文。

（3）设置工业机器人的时间为当前时间。

【所需工具文件】

一字螺丝刀、十字螺丝刀、数字万用表、实训指导手册、电气原理图。

【课时安排】

建议2学时，其中，学习相关知识1学时；练习1学时。

【工作流程】

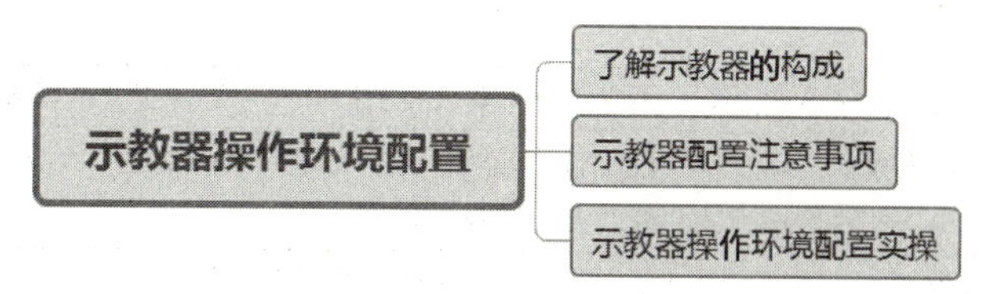

5.1.1 了解示教器的构成

示教器是主管应用工具软件与用户之间接口的装置，通过电缆与控制装置连接。示教器由液晶显示屏、LED、功能按键组成，除此以外，一般还会有模式切换开关、安全开关、急停按钮等。

示教器是工业机器人的人机交互接口，通过示教器功能按键与液晶显示屏的配合使用可以点动、示教工业机器人，编写、调试和运行工业机器人程序，设定、查看工业机器人的状态信息和位置，消除工业机器人报警信息及其他有关工业机器人功能的操作。

5.1.2 示教器配置注意事项

示教器配置的注意事项如下所示。

（1）示教器配置要求操作人员具有一定的专业知识和熟练的操作技能，并且需要进行现场近距离操作，因而具有一定的危险性，必须穿戴好安全防护装备。

（2）示教器配置可以方便操作人员根据自己熟悉的语言进行基础设置，在进行基础设置时，如果遇到其他报警信息，不要盲目操作，以防删除系统文件。

（3）示教器的交互界面为液晶显示屏，不要使用尖锐、锋利的工具操作示教器，以防划伤示教器的液晶显示屏。

5.1.3 示教器操作环境配置实操

示教器操作环境配置任务操作表如表5-1所示。

表5-1 示教器操作环境配置任务操作表

序　号	操作步骤
1	根据实训指导手册，给系统上电前，应检查电源、电压的属性是否与工业机器人控制柜的标识一致
2	闭合开关，完成系统上电，闭合工业机器人控制柜开关，等待工业机器人启动
3	工业机器人系统启动后，一般示教器的默认显示界面的显示语言为英语。进入系统设置界面，根据自己熟悉的语言修改工业机器人示教器的显示语言
4	进入系统界面，修改工业机器人的时间，保存后返回主界面
5	断开工业机器人的电源开关，重新给工业机器人上电，查看工业机器人的时间与日期是否正确

任务5.2 工业机器人的运行模式及运行速度设置

【任务描述】

某工作站已完成了系统的上电及示教器操作环境配置，请设定运行速度，并采用手动运行模式和自动运行模式运行工业机器人。

【任务目标】

（1）根据实训指导手册，完成工业机器人运行速度的设置。

（2）根据实训指导手册，完成工业机器人运行模式的切换，并采用手动运行模式和自动运行模式运行工业机器人。

【所需工具、文件】

一字螺丝刀、十字螺丝刀、数字万用表、电气原理图、实训指导手册。

【课时安排】

建议2学时，其中，学习相关知识1学时；练习1学时。

【工作流程】

工业机器人的运行模式及运行速度设置

- 了解工业机器人运行模式的应用
- 了解不同运行模式下的运行速度设定
- 了解工业机器人手动运行模式和自动运行模式的安全注意事项
- 搬运码垛工作站自动运行实操

任务实施

5.2.1 了解工业机器人运行模式的应用

工业机器人的运行模式一般分为手动运行模式与自动运行模式。

（1）手动运行模式是操作人员通过示教器手动控制工业机器人移动的运行模式，一般现场示教编程、清除报警、故障查询等都需要在此模式下进行操作。

（2）自动运行模式是工业机器人根据控制程序自动移动的运行模式，工业机器人在采用自动运行模式时，严禁操作人员处于工业机器人的工作空间，在此模式下，只允许操作人员对工业机器人进行停止、紧急停止等安全操作，严禁对工业机器人进行其他（如示教编程、清除报警等）操作。

5.2.2 了解不同运行模式下的运行速度设定

工业机器人的运行速度一般分为低速、中速、高速，工业机器人运行速度的大小一般由百分比数值（1%～100%）决定。工业机器人在手动运行模式下，一般将运行速度设定为10%，在首次采用自动运行模式时，一般将运行速度设定为30%，待自动运行两遍程序并确认无误后，方可增加工业机器人的运行速度。

5.2.3 了解工业机器人手动运行模式和自动运行模式的安全注意事项

工业机器人手动运行模式和自动运行模式的安全注意事项如下所示。

（1）当不需要操作工业机器人时，应断开工业机器人控制装置的电源，或者在按下急停按钮的状态下进行操作。

（2）当采用手动运行模式时应低速运行工业机器人。

（3）为了防止除操作人员以外的人员意外进入工业机器人的工作空间，或者为了避免操作人员进入危险场所，应设置防护栅栏和安全门。

（4）当自动运行工业机器人时，操作人员应站在围栏外边的急停按钮等安全开关附近。

5.2.4 搬运码垛工作站自动运行实操

搬运码垛工作站自动运行任务操作表如表5-2所示。

表5-2 搬运码垛工作站自动运行任务操作表

序　号	操作步骤
1	根据实训指导手册使用数字万用表完成上电前的检查工作，检查各线路的连接是否正常，电缆是否有破损、断开等现象
2	闭合工业机器人主开关，工业机器人系统完成上电工作，接通气源，并检查气动回路是否存在泄漏等现象
3	根据实训指导手册，在设置界面中将运行速度修改为10%，按下示教器的三段开关，使工业机器人使能，手动移动工业机器人，查看工业机器人的运行速度
4	根据实训指导手册，选择搬运码垛示例程序，手动运行搬运码垛示例程序，查看工业机器人的运行状态
5	根据实训指导手册，将工业机器人的运行模式切换为自动运行模式，按下运行按钮，工业机器人自动运行搬运码垛示例程序
6	当自动运行程序无误后，再次将工业机器人的运行模式切换为手动运行模式，根据实训指导手册，在设置界面中将运行速度修改为30%，将工业机器人的运行模式切换为自动运行模式，再次自动运行工业机器人
7	待程序运行完毕后，按下暂停按钮，暂停工业机器人，关闭工业机器人电源，完成工业机器人的运行速度设定与工业机器人的运行模式切换，并根据运行情况做好运行记录

任务 5.3 查看工业机器人的常用信息

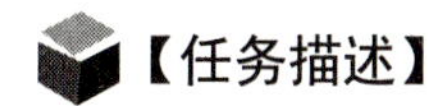

【任务描述】

当工业机器人处于运行状态时，工业机器人示教器会显示工业机器人的当前状态，请查看工业机器人的当前模式、电动机状态、程序运行状态、工业机器人系统信息，并做好记录。

【任务目标】

（1）根据实训指导手册，完成各状态查看。

（2）使用工业机器人运行记录表，记录工业机器人的运行状态。

【所需工具、文件】

实训指导手册、记号笔、工业机器人运行记录表。

【课时安排】

建议 1 学时，其中，学习相关知识 0.5 学时；练习 0.5 学时。

【工作流程】

查看工业机器人的常用信息
- 了解工业机器人示教器监控界面的作用
- 工业机器人常用信息查看实操

任务实施

5.3.1 了解工业机器人示教器监控界面的作用

工业机器人集成了各种高精度控制器及元器件，因为其高度集成化，所以操作人员无法直观地判断工业机器人的传感器、伺服电动机等的运行状态。为了方便操作与维护，工业机器人系统带有监控系统，用于监控各元器件的运行状态及系统的运行信息，另外，为了直观地展现监测信息，工业机器人示教器设有监控界面。

工业机器人示教器监控界面可以显示工业机器人的当前模式、电动机状态、程序运行状态、系统信息。

5.3.2 工业机器人常用信息查看实操

工业机器人常用信息查看任务操作表如表 5-3 所示。

表 5-3 工业机器人常用信息查看任务操作表

序号	操作步骤
1	根据实训指导手册使用数字万用表完成上电前的检查工作，检查各线路是否连接正常，电缆是否有破损、断开等现象
2	闭合工业机器人主开关，工业机器人系统完成上电工作，接通气源，并检查气动回路是否存在泄漏等现象
3	根据实训指导手册，在示教器的监控界面下，查看工业机器人的当前模式，并记录
4	根据实训指导手册，在示教器的监控界面下，查看工业机器人的电动机状态，并记录
5	根据实训指导手册，在示教器的监控界面下，查看工业机器人的程序运行状态，并记录
6	根据实训指导手册，在示教器的监控界面下，查看工业机器人的系统信息，并记录
7	关闭工业机器人电源，完成工业机器人常用信息查看，并根据运行情况做好运行记录

项目 6

工业机器人运动模式测试

项目导言

本项目围绕工业机器人调试岗位的职责和企业实际生产中工业机器人调试的工作内容，对工业机器人的单轴运动、线性运动、重定位运动、紧急停止及复位进行了详细的讲解，并设置了丰富的实训任务，可以使读者通过实操进一步理解工业机器人基本运动的操作技能。

项目目标

（1）培养测试单轴运动的能力。

（2）培养操作工业机器人线性运动与重定位运动的能力。

（3）培养工业机器人紧急停止及复位的能力。

工业机器人运动模式测试

- 工业机器人的单轴运动测试
- 工业机器人的线性运动与重定位运动测试
- 工业机器人紧急停止及复位

任务 6.1 工业机器人的单轴运动测试

【任务描述】

某公司新引进一套工业机器人工作站，请根据项目验收单完成工业机器人的验收，并检查工业机器人的工作空间是否与项目验收单一致。

【任务目标】

（1）识读项目验收单，确定工业机器人单轴运动的范围。

（2）检查工业机器人的工作空间是否与项目验收单一致。

【所需工具、文件】

一字螺丝刀、十字螺丝刀、数字万用表、角度尺、项目验收单、电气原理图、实训指导手册。

【课时安排】

建议 2 学时，其中，学习相关知识 1 学时；练习 1 学时。

【工作流程】

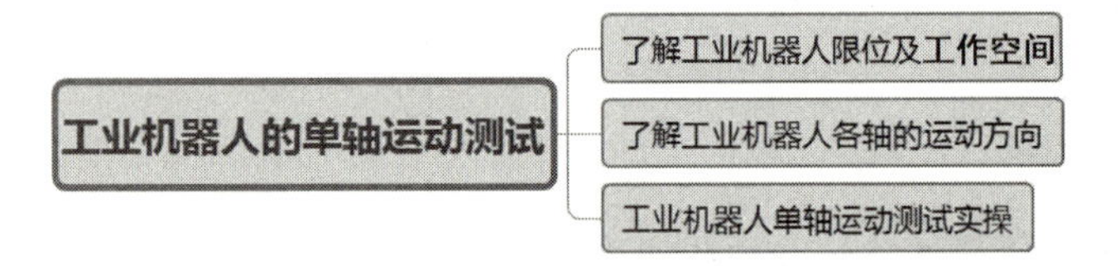

任务实施

6.1.1 了解工业机器人限位及工作空间

工业机器人的每个轴都有硬限位和软限位，以便保护工业机器人本体的安全，根据各轴的硬限位设定工业机器人各轴的软限位，因此存在工业机器人无法到达的区域，六轴机器人的工作空间如图 6-1 所示。

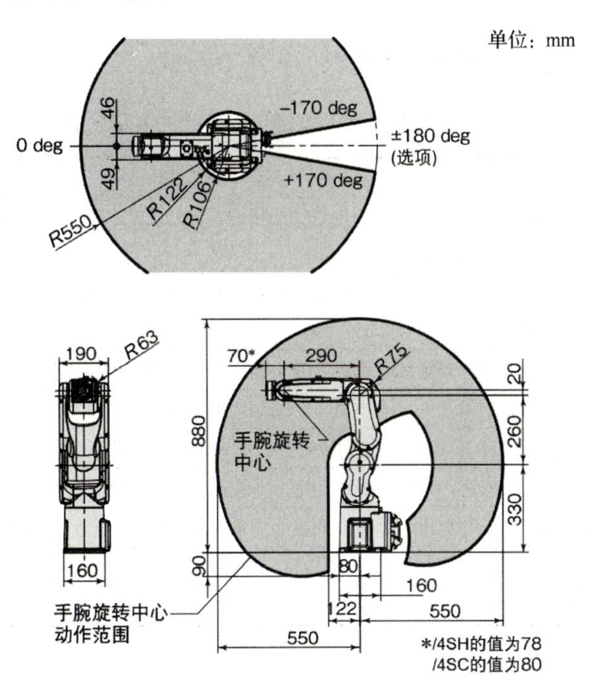

图 6-1　六轴机器人的工作空间

6.1.2　了解工业机器人各轴的运动方向

工业机器人每个轴的安装方式及安装位置不同，因此在进行单轴运动时各轴的运动方向是不同的，现以六轴机器人各轴的单轴运动方向为例，如图 6-2 所示。

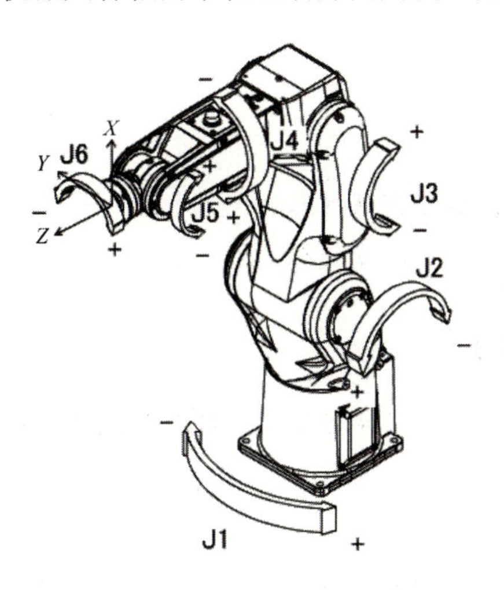

图 6-2　六轴机器人各轴的单轴运动方向

6.1.3 工业机器人单轴运动测试实操

工业机器人单轴运动测试任务操作表如表 6-1 所示。

表 6-1 工业机器人单轴运动测试任务操作表

序 号	操 作 步 骤
1	根据实训指导手册使用数字万用表完成上电前的检查工作，检查各线路连接是否正常，电缆是否有破损、断开等现象
2	闭合工业机器人主开关，工业机器人系统完成上电工作，接通气源，并检查气动回路是否存在泄漏等现象
3	识读项目验收单，确定工业机器人的工作空间，准备好测量工具
4	按下示教器的三段开关，示教器显示伺服使能，将工业机器人的坐标系切换为关节坐标系
5	按下 1 轴正向按钮，1 轴运转到正限位，记录位置，并做好记录
6	按下 1 轴负向按钮，1 轴运转到负限位，记录位置，并做好记录
7	使用万能角度尺测量两个位置，并检验与项目验收单是否一致，做好记录
8	重复 5～7 步，检测剩余 5 个轴的数据，并做好记录
9	关闭电源，并做好记录，完成测试

任务 6.2 工业机器人的线性运动与重定位运动测试

【任务描述】

某公司新引进一套工作站，请进行项目验收，并检测线性运动和重定位运动是否正常。

【任务目标】

（1）识读项目验收单，确定测试内容。

（2）完成线性运动和重定位运动操作。

【所需工具、文件】

一字螺丝刀、十字螺丝刀、数字万用表、项目验收单、电气原理图。

【课时安排】

建议 3 学时，其中，学习相关知识 1 学时；练习 2 学时。

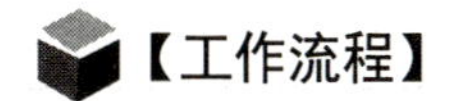

【工作流程】

工业机器人线性运动与重定位运动测试
- 了解线性运动和重定位运动
- 了解线性运动和重定位运动的不同
- 工业机器人线性运动与重定位运动测试实操

任务实施

6.2.1 了解线性运动和重定位运动

工业机器人的线性运动是指安装在工业机器人六轴法兰盘上的工具中心点（TCP）在工作空间中进行线性运动。一般线性运动分为直线运动、关节运动及圆弧运动。

工业机器人重定位运动是指工业机器人选定的 TCP 围绕对应的工具坐标系进行旋转运动，在运动时工业机器人 TCP 的位置保持不变，姿态发生变化。

6.2.2 了解线性运动和重定位运动的不同

线性运动一般用于工业机器人在工作空间的移动。重定位运动一般用于对工业机器人姿态的调整。

6.2.3 工业机器人线性运动与重定位运动测试实操

工业机器人线性运动与重定位运动测试任务操作表如表 6-2 所示。

表 6-2 工业机器人线性运动与重定位运动测试任务操作表

序　号	操 作 步 骤
1	根据实训指导手册使用数字万用表完成上电前的检查工作，检查各线路连接是否正常，电缆是否有破损、断开等现象
2	闭合工业机器人主开关，工业机器人系统完成上电工作，接通气源，并检查气动回路是否存在泄漏等现象
3	识读项目验收单，确定测试内容
4	固定一个与工业机器人底座平行的立方体
5	按下示教器的三段开关，示教器显示上电
6	按下“X 正向”按钮，观察 X 轴的运动是否为直线运动

续表

序　号	操 作 步 骤
7	重复上步，检测 Y 轴和 Z 轴的数据
8	完成测试

任务 6.3　工业机器人紧急停止及复位

【任务描述】

某公司新引进一套工作站，请进行项目验收，了解工业机器人安全保护机制，并检测紧急停止及复位功能是否正常。

【任务目标】

（1）了解工业机器人安全保护机制。

（2）完成紧急停止及复位操作。

【所需工具、文件】

一字螺丝刀、十字螺丝刀、数字万用表、项目验收单、电气原理图。

【课时安排】

建议 2 学时，其中，学习相关知识 1 学时；练习 1 学时。

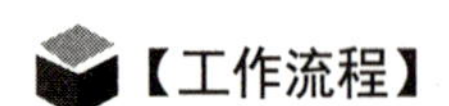

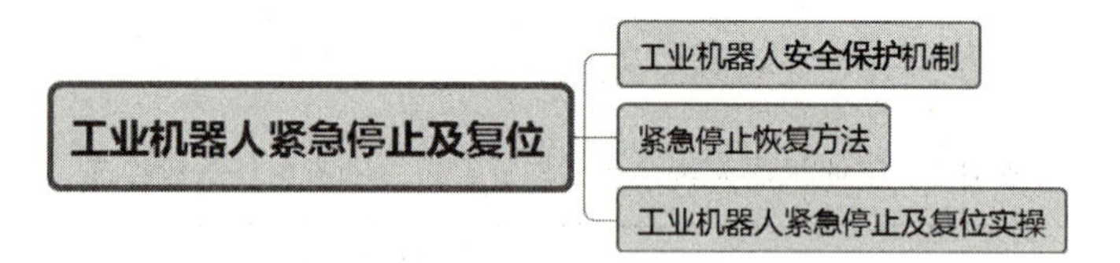

6.3.1　工业机器人安全保护机制

工业机器人系统有各种各样的安全保护装置。例如，安全门互锁开关、安全光幕和安全垫等，最常用的是安全门互锁开关。打开安全门互锁开关可以暂停工业机器人。

工业机器人控制柜有4个独立的安全保护机制，如下所示。

（1）常规模式安全保护停止，简称GS。

（2）自动模式安全保护停止，简称AS。

（3）上级安全保护停止，简称SS。

（4）紧急停止，简称ES。

6.3.2 紧急停止恢复方法

在工业机器人的手动操作过程中，因为操作人员不熟练引起的碰撞或者其他突发状况会导致工业机器人安全保护机制的启动，从而使工业机器人紧急停止。当工业机器人紧急停止后，需要进行一些恢复操作才能使工业机器人恢复到正常的工作状态。

当工业机器人紧急停止后，工业机器人停止的位置可能会处于空旷区域，也可能被堵在障碍物之间。如果工业机器人处于空旷区域，可以选择手动操作工业机器人将其移动到安全位置；如果工业机器人被堵在障碍物之间，在障碍物容易移动的情况下，可以直接移动周围的障碍物，再手动操作工业机器人使其运动到安全位置。

如果周围障碍物不容易移动，也很难通过手动操作将工业机器人移动到安全位置，那么可以选择松开抱闸按钮，然后手动操作工业机器人使其运动到安全位置。

6.3.3 工业机器人紧急停止及复位实操

工业机器人紧急停止及复位任务操作表如表6-3所示。

表6-3 工业机器人紧急停止及复位任务操作表

序　号	操作步骤
1	识读项目验收单，确定测试内容
2	选择搬运码垛程序，将工业机器人的运行模式切换至自动运行模式，并启动运行
3	按下急停按钮，工业机器人停止
4	旋出急停按钮，工业机器人上电按钮闪烁
5	将工业机器人的运行模式切换至手动运行模式
6	在示教器上确认急停信息
7	按下上电按钮，工业机器人复位并上电
8	完成操作

项目 7 工业机器人坐标系标定

项目导言

本项目围绕工业机器人操作岗位的职责和企业实际生产中工业机器人坐标系标定的工作内容，对工业机器人工具坐标系标定和工件坐标系标定进行了详细的讲解，并设置了丰富的实训任务，可以使读者通过实操进一步理解工业机器人坐标系标定。

项目目标

（1）培养重新标定工业机器人坐标系的能力。
（2）培养标定工业机器人工具坐标系的能力。
（3）培养标定工业机器人工件坐标系的能力。
（4）培养测试坐标系准确性的能力。

- 工业机器人坐标系标定
  - 工具坐标系标定
  - 工件坐标系标定

任务 7.1 工具坐标系标定

【任务描述】

某工作站需要对工业机器人进行工具坐标系标定，请根据工业机器人末端执行器建立工业机器人工具坐标系，并测试其正确性。

【任务目标】

（1）确定 TCP。
（2）确定标定方法。
（3）根据实训指导手册完成工业机器人工具坐标系标定。

【所需工具、文件】

安装布局图、实训指导手册、TCP 标定部件。

【课时安排】

建议 3 学时，其中，学习相关知识 1 学时；练习 2 学时。

【工作流程】

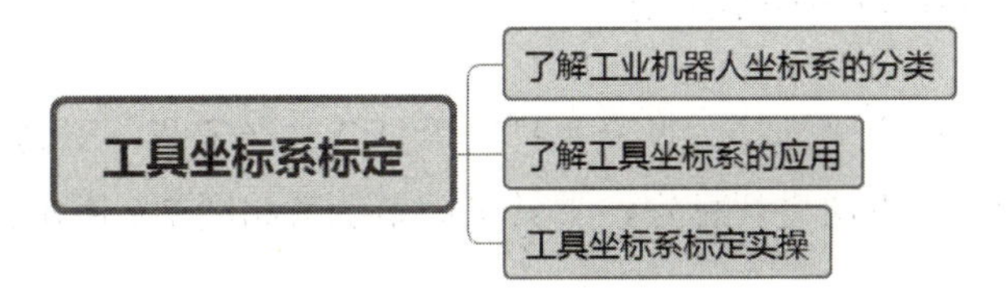

任务实施

7.1.1 了解工业机器人坐标系的分类

为了确定工业机器人的位置和姿势（位姿）在工业机器人上或空间中进行定义的位置指标系统就是坐标系，在示教编程的过程中经常使用关节坐标系、基坐标系、工具坐标系、工件坐标系、世界坐标系和用户坐标系。

1）关节坐标系

关节坐标系是每个轴相对于原点位置的绝对角度。在关节坐标系下，工业机器人各轴均可实现单独正向运动或反向运动。当工业机器人进行大范围运动，且不要求 TCP 姿态时，可选择关节坐标系。

2）基坐标系

基坐标系位于工业机器人基座。它是描述工业机器人从一个位置移动到另一个位置的坐标系。

3）工具坐标系

工具坐标系定义了当工业机器人到达预设目标时使用工具的位置。

4）工件坐标系

工件坐标系与工件相关，通常是最适合对工业机器人进行编程的坐标系。

5）世界坐标系

世界坐标系可定义工业机器人单元，其他坐标系均与世界坐标系直接或间接相关。它适用于微动控制、一般移动，以及处理具有若干工业机器人或外轴移动机器人的工作站和工作单元。

6）用户坐标系

当表示持有其他坐标系的设备（如工件）时用户坐标系非常有用。

7.1.2 了解工具坐标系的应用

工具坐标系一般应用于焊接、抛光、打磨等复杂生产工艺，工具坐标系一般采用三点法、四点法或者是六点法进行标定，工具坐标系示教如图 7-1 所示。

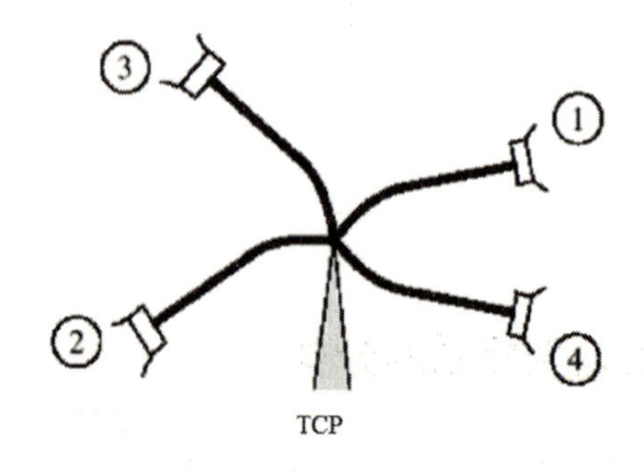

图 7-1　工具坐标系示教

7.1.3 工具坐标系标定实操

工具坐标系标定任务操作表如表 7-1 所示。

表 7-1 工具坐标系标定任务操作表

序 号	操 作 步 骤
1	根据实训指导手册使用数字万用表完成上电前的检查工作，检查各线路连接是否正常，电缆是否有破损、断开等现象
2	闭合工业机器人主开关，工业机器人系统完成上电工作，接通气源，并检查气动回路是否存在泄漏等现象
3	根据安装布局图，安装 TCP 标定部件
4	手动控制示教器，将工业机器人末端执行器的末端移动到 TCP
5	根据实训指导手册，打开工具坐标系设置界面
6	根据实训指导手册，工业机器人记录接近点 1 位置
7	更换工业机器人末端执行器的末端姿态并移动到 TCP
8	根据实训指导手册，工业机器人记录接近点 2 位置
9	更换工业机器人末端执行器的末端姿态并移动到 TCP
10	根据实训指导手册，工业机器人记录接近点 3 位置
11	确定工具坐标系计算结果并更换工具坐标系
12	根据实训指导手册，验证工具坐标系的正确性

任务 7.2 工件坐标系标定

【任务描述】

某工作站需要对工业机器人进行工件坐标系标定，请根据现场生产工艺要求，建立工件坐标系，并测试其正确性。

【任务目标】

（1）确定工件坐标系坐标轴的方向。

（2）确定工件坐标系的标定方法。

（3）根据实训指导手册完成工业机器人工件坐标系标定。

【所需工具、文件】

实训指导手册、工件部件。

【课时安排】

建议 3 学时，其中，学习相关知识 1 学时；练习 2 学时。

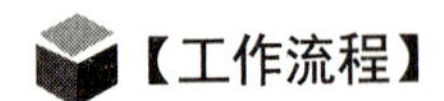

【工作流程】

- 工件坐标系标定
  - 工件坐标系的应用
  - 确定工件坐标系坐标轴的方向
  - 工件坐标系标定实操

任务实施

7.2.1 工件坐标系的应用

工件坐标系一般应用于较复杂的焊接、物流中的生产码垛，以及形状较复杂的工件搬运码垛工作站。

7.2.2 确定工件坐标系坐标轴的方向

根据现场环境及生产工艺，确定工件坐标系坐标轴的方向，如图 7-2 所示。

图 7-2 工件坐标系坐标轴的方向

7.2.3　工件坐标系标定实操

工件坐标系标定任务操作表如表 7-2 所示。

表 7-2　工件坐标系标定任务操作表

序　号	操 作 步 骤
1	根据实训指导手册使用数字万用表完成上电前的检查工作，检查各线路连接是否正常，电缆是否有破损、断开等现象
2	闭合工业机器人主开关，工业机器人系统完成上电工作，接通气源，并检查气动回路是否存在泄漏等现象
3	根据生产工艺，确定工件坐标系 *X* 轴、*Y* 轴、*Z* 轴的方向
4	手动控制示教器，将工业机器人末端移动到 *X*/*Y* 平面中一点
5	手动控制示教器，打开工件坐标系设置界面
6	手动控制示教器，工业机器人记录为原点 1
7	手动控制示教器，将工业机器人末端沿 *X* 轴方向移动到一点
8	手动控制示教器，工业机器人记录 *X* 轴方向点 2
9	手动控制示教器，将工业机器人末端沿 *Y* 轴方向移动到一点
10	手动控制示教器，工业机器人记录 *Y* 轴方向点 3
11	手动控制示教器，确定工件坐标系计算结果并更换工件坐标系
12	手动控制示教器，验证工件坐标系的正确性

项目 8 工业机器人程序备份与恢复

项目导言

本项目围绕工业机器人操作、维护岗位的职责和企业实际生产中工业机器人程序备份与恢复的工作内容，对工业机器人程序及数据的导入、程序加密、程序及数据的备份进行了详细的讲解，并设置了丰富的实训任务，可以使读者通过实操进一步理解工业机器人程序备份与恢复。

项目目标

（1）培养在维护工业机器人前进行数据备份的意识。

（2）培养导入工业机器人程序及数据的能力。

（3）培养加密工业机器人程序的能力。

（4）培养备份工业机器人程序的能力。

- 工业机器人程序备份与恢复
  - 工业机器人程序及数据的导入
  - 工业机器人程序及数据的备份

任务 8.1 工业机器人程序及数据的导入

【任务描述】

某工作站未编写工业机器人程序，请根据工业机器人程序及数据的导入方法，将 U 盘中的工业机器人程序导入本工作站的工业机器人中，并验证导入程序及数据的正确性。

【任务目标】

（1）确定将 U 盘中的程序及数据导入工业机器人的方法。
（2）将 U 盘中的程序及数据导入工业机器人。

【所需工具、文件】

实训指导手册、带有工业机器人程序的 U 盘。

【课时安排】

建议 3 学时，其中，学习相关知识 2 学时；练习 1 学时。

【工作流程】

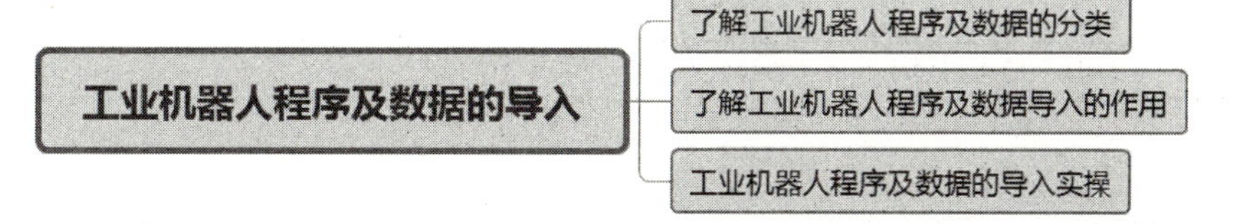

8.1.1 了解工业机器人程序及数据的分类

工业机器人程序文件是记述被称为程序指令的向工业机器人发出一连串指令的文件。程序指令控制工业机器人的动作、外围设备及各种应用程序。程序文件被自动存储在控制装置的存储器中。

工业机器人数据一般包括I/O分配、工业机器人位置数据、I/O配置信息等，不同型号及不同系列的工业机器人无法进行互相导入，只有相同型号、相同系列、相同功能的工业机器人的数据才可以互相导入，节省配置时间。

8.1.2 了解工业机器人程序及数据导入的作用

工业机器人程序及数据导入功能可以减少相同品牌、相同系列工业机器人的编程任务、I/O 配置任务，节省了工作时间，提高了生产效率，减轻了人力的重复性劳动，减小了产生错误的概率。

8.1.3 工业机器人程序及数据的导入实操

工业机器人程序及数据的导入任务操作表如表 8-1 所示。

表 8-1 工业机器人程序及数据的导入任务操作表

序 号	操 作 步 骤
1	根据实训指导手册使用数字万用表完成上电前的检查工作，检查各线路连接是否正常，电缆是否有破损、断开等现象
2	闭合工业机器人主开关，工业机器人系统完成上电工作，接通气源，并检查气动回路是否存在泄漏等现象
3	根据实训指导手册，将 U 盘插入示教器的 USB 插口
4	在示教器中找到 U 盘存储区的程序及数据
5	选择需要导入的程序及数据
6	点击“载入”按钮，将选择的程序及数据导入工业机器人
7	打开导入的程序验证其正确性

任务 8.2 工业机器人程序及数据的备份

【任务描述】

某公司需要对工业机器人进行定期维护与保养，请根据工业机器人程序及数据的备份方法，选择需要备份的程序及数据，将工业机器人程序及数据备份到 U 盘，完成工业机器人程序及数据的备份。

【任务目标】

（1）确定工业机器人程序及数据的备份方法。

（2）将工业机器人程序及数据导入 U 盘。

【所需工具、文件】

实训指导手册、格式化完毕的 U 盘。

【课时安排】

建议 3 学时，其中，学习相关知识 1 学时；练习 2 学时。

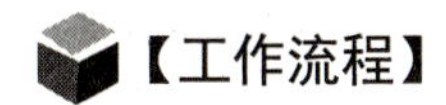

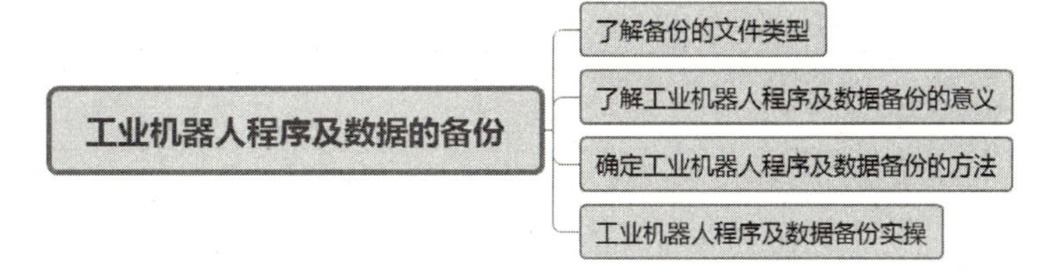

8.2.1 了解备份的文件类型

文件是数据在工业机器人控制柜存储器内的存储单元。控制柜使用的文件类型主要有以下几项。

（1）程序文件（*.TP）。

（2）默认的逻辑文件（*.DF）。

（3）系统文件（*.SV）用于保存系统设置。

（4）I/O 配置文件（*.I/O）用于保存 I/O 配置。

（5）数据文件（*.VR）用于保存寄存器数据。

（6）记录文件（*.LS）用于保存操作和故障记录。

8.2.2 了解工业机器人程序及数据备份的意义

在进行工业机器人的维护、维修前，一般会进行工业机器人程序及数据备份，以防程序及数据丢失。

8.2.3 确定工业机器人程序及数据备份的方法

识读工业机器人实训指导手册，确定将工业机器人程序及数据导入 U 盘的方法。

8.2.4 工业机器人程序及数据备份实操

工业机器人程序及数据备份任务操作表如表 8-2 所示。

表 8-2 工业机器人程序及数据备份任务操作表

序　　号	操 作 步 骤
1	根据实训指导手册使用数字万用表完成上电前的检查工作，检查各线路连接是否正常，电缆是否有破损、断开等现象
2	闭合工业机器人主开关，工业机器人系统完成上电工作，接通气源，并检查气动回路是否存在泄漏等现象
3	根据实训指导手册，将 U 盘插入示教器的 USB 插口
4	在示教器中找到工业机器人的程序及数据
5	选择需要备份的程序及数据
6	点击“备份”，将选择的程序及数据备份到 U 盘
7	打开 U 盘存储区，验证备份程序及数据是否正确

项目9 工业机器人搬运码垛样例程序调试与运行

项目导言

本项目围绕工业机器人调试岗位的职责和企业实际生产中工业机器人搬运码垛样例程序调试与运行的工作内容，对工业机器人搬运码垛样例程序及数据导入、样例程序的恢复进行了详细的讲解，并设置了丰富的实训任务，使读者进一步理解搬运码垛样例程序的调试与运行。

项目目标

（1）培养在维护工业机器人前进行数据备份的意识。

（2）培养导入工业机器人样例程序及数据的能力。

（3）培养调试工业机器人的能力。

- 工业机器人搬运码垛样例程序调试与运行
  - 搬运码垛样例程序的恢复
  - 搬运码垛样例程序的运行
  - 工业机器人常用信息的查看

任务 9.1　搬运码垛样例程序的恢复

【任务描述】

某工作站的工业机器人程序已损坏，或者对指令参数的设置进行了不成功的修改，需要恢复以前的设置，请根据工业机器人样例程序及数据的导入方法，将U盘中的工业机器人搬运码垛样例程序导入本工作站的工业机器人，并验证导入的样例程序及数据的正确性。

【任务目标】

（1）确定样例程序及数据导入工业机器人的方法。

（2）将U盘中的样例程序及数据导入工业机器人。

【所需工具、文件】

实训指导手册、带有搬运码垛样例程序的U盘。

【课时安排】

建议共2学时，其中，学习相关知识1学时；练习1学时。

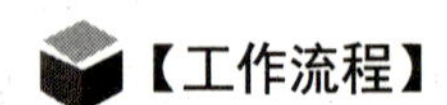

【工作流程】

搬运码垛样例程序的恢复
- 了解数据备份与恢复的方法
- 搬运码垛样例程序的恢复实操

任务实施

9.1.1　了解数据备份与恢复的方法

可以选择不同的方法对工业机器人进行数据的备份与恢复。为了保存程序和文件，工业机器人的控制装置可以使用下列种类的存储装置。

1）存储卡（MC:）

可以在 FlashATA 存储卡或者小型闪存卡上附加 PCMCIA 适配器后使用存储卡。存储卡插槽在主板上，存储卡插槽在 R-30IB 主板上，无法在 R-30IB Mate 上使用存储卡。

2）备份（FRA:）

备份是通过自动备份保存文件的区域。可以在没有后备电池的情况下，以及在电源断开的情况下保存信息。

3）FROM 盘（FR:）

FROM 盘是在没有后备电池的情况下，以及在电源断开的情况下保存信息的存储区域。根目录保存对系统来说极为重要的数据。虽然可以在 FROM 盘中保存程序等的备份和任意文件，但是请勿进行向根目录的保存或删除等操作。当需要进行保存时，务必先创建子目录，然后将其保存在子目录中。

4）RAM 盘（RD:）

RAM 盘是为特殊功能提供的存储装置。进行文件备份请勿使用 RAM 盘。

5）MF 盘（MF:）

MF 盘是为特殊功能提供的存储装置。进行文件备份请勿使用 MF 盘。

6）FTP（C1:~C8:）

FTP 针对通过以太网连接起来的 PC 等 FTP 服务器进行文件的读写。FTP 只有在主计算机通信画面上进行了 FTP 客户机设定的情况下才予以显示。

7）存储器设备（MD:）

存储器设备可以将工业机器人程序和 KAREL 程序等控制装置的存储器上的数据作为文件进行处理。

8）控制台（CONS:）

控制台是维修专用的设备。可以参照内部信息的日志文件。

9）USB 存储器（UT1:）

USB 存储器安装在操作面板上的 USB 端口上。

9.1.2 搬运码垛样例程序的恢复实操

搬运码垛样例程序的恢复任务操作表如表 9-1 所示。

表 9-1　搬运码垛样例程序的恢复任务操作表

序　　号	操 作 步 骤
1	根据实训指导手册使用数字万用表完成上电前的检查工作，检查各线路连接是否正常，电缆有无破损、断开等现象
2	闭合工业机器人主开关，工业机器人系统完成上电工作，接通气源并检查气动回路是否存在泄漏等现象
3	根据实训指导手册，将 U 盘插入示教器的 USB 插口
4	在示教器中找到 U 盘存储区的样例程序及数据
5	选择需要导入的样例程序及数据
6	点击“载入”按钮，将选择的样例程序及数据导入工业机器人
7	打开导入的样例程序验证其正确性

任务 9.2　搬运码垛样例程序的运行

【任务描述】

某工作站的工业机器人已经导入了样例程序。请你先手动检查工业机器人的运行轨迹点位，然后自动运行搬运码垛样例程序。

【任务目标】

（1）手动检查工业机器人的运行轨迹点位。

（2）自动运行搬运码垛样例程序。

【所需工具、文件】

实训指导手册、数字万用表、电气原理图。

【课时安排】

建议共 1 学时，其中，学习相关知识 1 学时；练习 1 学时。

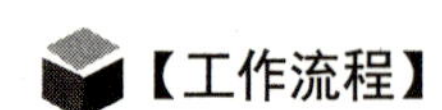

【工作流程】

搬运码垛样例程序的运行
- 检查工业机器人的运行轨迹点位
- 自动运行搬运码垛样例程序

任务实施

9.2.1　检查工业机器人的运行轨迹点位

当输入搬运码垛样例程序后，需要进行运行轨迹点位的手动确认，检查运行轨迹点位是否有明显错误。当确认无误后，方可自动运行程序。在手动运行程序时，一定要把工业机器人的运行速率设置为10%，如果在手动示教工业机器人的过程中有干涉、碰撞等现象，一定要立即停机，并重新示教运行轨迹点位，使工业机器人的运行轨迹避免干涉零部件。

9.2.2　自动运行搬运码垛样例程序

启动工业机器人使其自动运行，在低速情况下完成一个工作循环之后，逐渐加快工业机器人的运行速度最终达到全速。

自动运行搬运码垛样例程序任务操作表如表9-2所示。

表9-2　自动运行搬运码垛样例程序任务操作表

序　号	操作步骤
1	检查工业机器人的基本运行条件。检查工业机器人上电、气源等情况是否正常
2	手动单步检查程序
3	手动连续检查程序
4	手动调节工业机器人的运行速度
5	自动运行工业机器人
6	在自动运行模式下急停工业机器人

任务9.3　工业机器人常用信息的查看

【任务描述】

工业机器人在运行时，工业机器人示教器会显示工业机器人的当前状态，请在工业机器人示教器上查看工业机器人的当前运行模式、运行状态、电动机状态、程序运行状态、系统信息，并记录。

【任务目标】

（1）根据实训指导手册，查看工业机器人的当前运行模式、运行状态、电动机状态、程序运行状态、系统信息。

（2）使用工业机器人运行记录表记录工业机器人的运行状态。

【所需工具、文件】

实训指导手册、记号笔、工业机器人运行记录表。

【课时安排】

建议共 1 学时，其中，学习相关知识 0.5 学时；练习 0.5 学时。

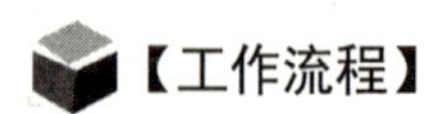

工业机器人常用信息的查看
了解工业机器人示教器监控界面的作用
工业机器人常用信息查看实操

9.3.1 了解工业机器人示教器监控界面的作用

工业机器人集成了各种高精度控制器及元器件，因为其高度集成化，所以操作人员无法直观地判断工业机器人的传感器、伺服电动机等的运行状态。为了方便操作、维护工业机器人，工业机器人系统带有检测监控系统，检测监控系统用于监测各元器件的运行状态及系统的运行信息；为了直观展现监测信息，工业机器人示教器设有监控界面，工业机器人示教器监控界面可以显示工业机器人的当前运行模式、运行状态、电动机状态、程序运行状态、系统信息。

9.3.2 工业机器人常用信息查看实操

工业机器人常用信息查看任务操作表如表 9-3 所示。

表 9-3 工业机器人常用信息查看任务操作表

序号	操作步骤
1	根据实训指导手册使用数字万用表完成上电前的检查工作，检查各线路连接是否正常，电缆有无破损、断开等现象
2	闭合工业机器人主开关，工业机器人系统完成上电工作，接通气源，并检查气动回路是否存在泄漏等现象
3	根据实训指导手册，在示教器监控界面查看工业机器人的当前运行模式，并记录
4	根据实训指导手册，在示教器监控界面查看工业机器人的运行状态，并记录
5	根据实训指导手册，在示教器监控界面查看工业机器人的电动机状态，并记录
6	根据实训指导手册，在示教器监控界面查看工业机器人的程序运行状态，并记录
7	根据实训指导手册，在示教器监控界面查看工业机器人的系统信息，并记录
8	关闭工业机器人电源，完成工业机器人的常用信息查看，并根据运行情况做好运行记录

项目 10 工业机器人常规检查

项目导言

本项目围绕工业机器人维护岗位的职责和企业实际生产中工业机器人常规检查的工作内容，对工业机器人本体、控制柜、附件的常规检查，以及对工业机器人运行参数及运行状态监测进行了详细的讲解。通过设置丰富的实训任务，可以使读者进一步理解工业机器人常规检查的事项。

项目目标

（1）培养工业机器人维护与保养意识。

（2）对工业机器人本体进行检查与维护。

（3）对工业机器人控制柜进行检查与维护。

（4）对工业机器人外围波纹管、电气附件进行检查与维护。

（5）对工业机器人系统的运行状态及运行参数进行检测并记录异常。

- 工业机器人常规检查
  - 工业机器人本体常规检查
  - 工业机器人控制柜常规检查
  - 工业机器人附件常规检查
  - 工业机器人运行参数及运行状态检测

任务 10.1　工业机器人本体常规检查

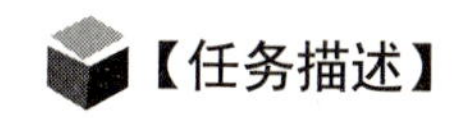

【任务描述】

某公司的维护人员对工业机器人本体进行常规检查，请根据工业机器人本体常规检查的方法，对工业机器人的机械部件、电缆及紧固螺钉进行常规检查，并做好记录。

【任务目标】

（1）了解工业机器人常规检查。
（2）确认工业机器人本体渗油的位置。
（3）确认工业机器人振动、异响的位置。
（4）了解工业机器人定位精度。

【所需工具、文件】

内六角扳手、日常检查表、记号笔、干净的擦机布。

【课时安排】

建议 3 学时，其中，学习相关知识 1 学时；练习 2 学时。

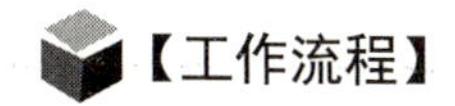

【工作流程】

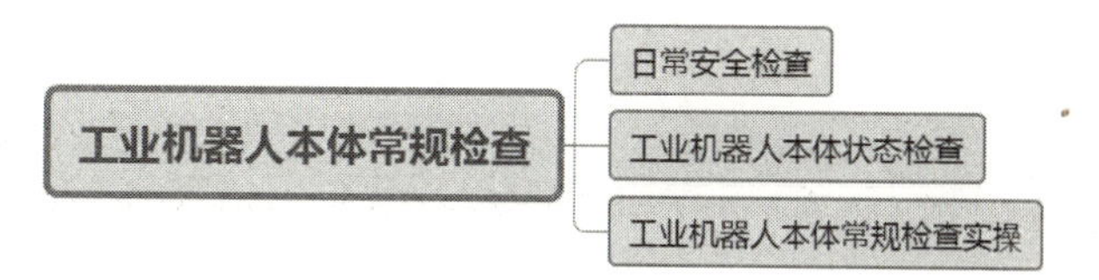

任务实施

10.1.1　日常安全检查

安全机构是保证人身安全的前提，因此安全机构检查应纳入日常安全检查范围。安全使用工业机器人要遵循的原则有：不随意短接、不随意改造控制柜急停按钮、不随意拆除、操作规范。

工业机器人本体急停按钮的检查包括控制柜急停按钮检查和手持示教器急停按钮检查。

10.1.2 工业机器人本体状态检查

工业机器人本体在良好的状态下能够保持运行的稳定性，并且可以防止事故的发生和延长工业机器人的使用寿命。工业机器人本体状态检查可通过看、听、闻等方式进行。

10.1.3 工业机器人本体常规检查实操

工业机器人本体常规检查任务操作表如表 10-1 所示。

表 10-1 工业机器人本体常规检查任务操作表

序 号	操 作 步 骤
1	按下控制柜上的急停按钮
2	确认界面是否显示报警诊断信息
3	旋出急停按钮，按下复位按钮，检查报警信息是否已清除。
4	按下示教器上的急停按钮，重复步骤 2～步骤 3
5	使用示教器操作工业机器人，观察工业机器人各轴在运行过程中有无异常抖动
6	采用手动运行模式检查工业机器人的电动机温度是否异常
7	手动示教工业机器人位置，重复运行后查看其点位是否正确，并做好记录
8	观察每个运动关节的连接处是否有油渍渗出，并做好记录
9	确认工业机器人本体使用环境整洁

任务 10.2 工业机器人控制柜常规检查

【任务描述】

某公司的维护人员对工业机器人控制柜进行常规检查，请根据工业机器人控制柜常规检查的方法，对工业机器人的示教器电缆、控制柜通风口、控制柜内部电缆外露连接器等进行常规检查，并做好记录。

【任务目标】

（1）清理控制柜污渍、灰尘。

（2）保持示教器电缆清洁并查看其有无破损。

（3）清洁控制柜通风口。

（4）检查控制柜内部电缆外露连接器是否松动。

【所需工具、文件】

一字螺丝刀、十字螺丝刀、数字万用表、日常检查表、记号笔、干净的擦机布。

【课时安排】

建议 4 学时，其中，学习相关知识 1 学时；练习 3 学时。

【工作流程】

工业机器人控制柜常规检查
- 了解控制柜常规检查项目
- 控制柜常规检查实操

10.2.1　了解控制柜常规检查项目

1）控制柜的清洁

控制柜的干净清洁有利于控制柜的稳定运行，能够保证控制柜的正常散热。

2）控制柜电缆的状态检查

控制柜电缆的状态检查能够保证控制柜内各控制板之间的通信和功能正常。

10.2.2　控制柜常规检查实操

控制柜常规检查任务操作表如表 10-2 所示。

表 10-2　控制柜常规检查任务操作表

序　号	操 作 步 骤
1	断开控制柜电源
2	打开控制柜柜门，使用干净的擦机布，将工业机器人控制柜的灰尘清理干净

续表

序　　号	操 作 步 骤
3	检查控制柜出风口是否积聚了大量灰尘，造成通风不良
4	检查控制柜散热风扇是否转动正常
5	使用工具拆下风扇过滤网，使用吹尘枪清理风扇滤网。使用干净的擦机布将散热风扇扇叶清理干净
6	使用干净的擦机布将示教器电缆，工业机器人本体电缆等清理干净，查看电缆有无破损及过分扭曲，并做好记录
7	使用一字螺丝刀、十字螺丝刀检查控制柜连接器有无松动，并做好记录
8	检测控制柜的电源电压是否正常，确保电压在正常范围内，接地良好
9	控制柜检查完毕后，重新给系统上电，查看工业机器人有无报警信息，并做好记录

任务 10.3　工业机器人附件常规检查

【任务描述】

某公司的维护人员对工业机器人附件进行常规检查，请根据工业机器人附件常规检查的方法，对工业机器人附件管线包、末端执行器、气动回路等进行常规检查，并做好记录。

【任务目标】

（1）检查与清理工业机器人管线包。

（2）检查末端执行器螺栓有无松动、异响现象。

（3）检查气动回路有无漏气、异响。

【所需工具、文件】

一字螺丝刀、十字螺丝刀、内六角扳手、日常检查表、记号笔、干净的擦机布。

【课时安排】

建议 3 学时，其中，学习相关知识 2 学时；练习 1 学时。

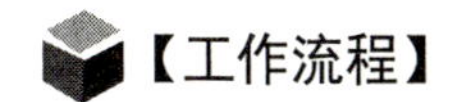

【工作流程】

工业机器人附件常规检查
- 了解工业机器人附件常规检查项目
- 工业机器人附件常规检查实操

任务实施

10.3.1　了解工业机器人附件常规检查项目

工业机器人管线包：工业机器人管线包用于机械手臂、示教器、控制柜内部的相互连接，采用特殊材料进行绝缘，拥有非常好的耐弯曲性能。外面一般覆盖耐油、阻燃、柔性的材料，可以满足工业机器人电缆的使用需求。工业机器人管线包的维护与保养能够保证工业机器人本体的活动范围不受影响，从而保证工业机器人的正常运行。

工业机器人末端执行器：工业机器人末端执行器一般包括工业机器人手爪、工业机器人工具快换装置、工业机器人末端传感器、工业机器人气动工具等。工业机器人末端执行器的正确维护能够保证工业机器人作业准确，满足工艺要求。

工业机器人气动回路：工业机器人气动回路一般由气源、过滤器、减压阀、节流阀、电磁阀、气缸等气动元件组成，为工业机器人的工艺动作提供动力支持。气动回路的良好维护能够保持工业机器人的动作稳定准确。

10.3.2　工业机器人附件常规检查实操

工业机器人附件常规检查任务操作表如表10-3所示。

表10-3　工业机器人附件常规检查任务操作表

序　号	操作步骤
1	检查工业机器人管线包，确认管线包外表是否有损坏，若有损坏，应对电缆保护套进行更换
2	检查管线包内电缆是否有弯曲缠绕等现象
3	检查末端执行器电缆有无过度弯曲
4	检查末端执行器气管有无过度弯曲
5	检查末端执行器紧固螺栓，并拧紧
6	查看工业机器人气源压力表是否在正常压力范围
7	手动测试电磁阀，检查气缸动作是否符合要求
8	调节节流阀，手动测试电磁阀，观察气缸动作有无变化

任务 10.4　工业机器人运行参数及运行状态检测

【任务描述】

某公司的维护人员查看工业机器人运行参数及运行状态，请根据工业机器人运行参数及运行状态检测的方法，对工业机器人的运行电流、碰撞检测等状态进行检测，并做好记录。

【任务目标】

（1）观察工业机器人运行电流。

（2）观察各电动机转矩百分比。

（3）观察各电动机温度反馈值。

（4）观察碰撞检测历史记录显示。

【所需工具、文件】

日常检查表、记号笔。

【课时安排】

建议 3 学时，其中，学习相关知识 2 学时；练习 1 学时。

【工作流程】

工业机器人运行参数及运行状态检测
- 工业机器人常见运行参数
- 工业机器人运行参数及运行状态检测实操

任务实施

10.4.1　工业机器人常见运行参数

1）工业机器人运行电流

工业机器人的控制面板一般可检测工业机器人的运行电流，通过运行电流前后的变化可反映出工业机器人运行状态的变化。

2）电动机转矩百分比

工业机器人的控制面板一般可检测每个轴的电动机的转矩百分比，通过转矩的变化可观察每个轴的负载，从而合理分配每个轴的转矩负载，可使工业机器人的运行更加流畅。

3）碰撞检测信息

当工业机器人因受到意外碰撞停止后，控制面板将留下报警记录，这些报警记录会及时提醒我们进行相关的维护工作。

10.4.2　工业机器人运行参数及运行状态检测实操

工业机器人运行参数及运行状态检测任务操作表如表 10-4 所示。

表 10-4　工业机器人运行参数及运行状态检测任务操作表

序　　号	操 作 步 骤
1	在示教器的诊断界面下，运行相同的工业机器人程序，观察工业机器人运行电流，并与之前的数据进行对比，观察运行电流是否有较大变化
2	在示教器的诊断界面中查看工业机器人各轴的电动机的转矩百分比，并做好记录
3	在示教器的诊断界面中查看工业机器人的碰撞检测信息，并做好记录

项目 11 工业机器人本体定期维护

项目导言

本项目围绕工业机器人维护岗位的职责和企业实际生产中定期维护的工作内容，对工业机器人本体润滑油（脂）的更换进行了详细的讲解，设置了丰富的实训任务，可以使读者通过实操进一步理解工业机器人本体的定期维护工作。

项目目标

（1）培养对工业机器人系统进行定期维护的意识。

（2）培养更换润滑油（脂）的能力。

工业机器人本体定期维护 —— 工业机器人本体润滑油(脂)的更换

任务 11.1　工业机器人本体润滑油（脂）的更换

【任务描述】

某公司的维护人员对工业机器人进行定期检查与维护，为了充分发挥工业机器人的性能，请根据工业机器人定期检查与维护的方法，更换工业机器人本体的润滑油（脂），并做好记录。

【任务目标】

（1）清理工业机器人的注油口、排油口。

（2）调整工业机器人的方位角。

（3）更换工业机器人本体的润滑油（脂）。

【所需工具、文件】

工业机器人机械保养手册、内六角扳手、干净的擦机布、润滑油（脂）、加油枪、数字万用表、定期保养记录、记号笔等。

【课时安排】

建议 6 学时，其中，学习相关知识 2 学时；练习 4 学时。

【工作流程】

工业机器人本体润滑油（脂）的更换
- 更换工业机器人本体润滑油（脂）的注意事项
- 工业机器人本体润滑油（脂）的更换实操

任务实施

11.1.1　更换工业机器人本体润滑油（脂）的注意事项

更换工业机器人本体润滑油（脂）的注意事项如下所示。

（1）在注油（脂）时如果没有取下排油口的螺塞/螺钉，油（脂）会进入电动机或减速机导致油封脱落，从而引起电动机故障。因此，在注油（脂）时一定要取下排油口的螺塞/螺钉。

（2）不要在排油口安装连接件、油管等，会导致油封脱落，造成电动机故障。

（3）使用专用油泵注油。设定的油泵压力应符合工业机器人机械保养手册的要求，注油速度应符合工业机器人机械保养手册的要求。

（4）一定要在注油（脂）前向注油侧的管内填充润滑油（脂），防止空气进入减速机，注油（脂）前一定要断开电源开关，完成系统断电工作，使用数字万用表查看电源是否断开，关闭气阀。

11.1.2 工业机器人本体润滑油（脂）的更换实操

工业机器人本体润滑油（脂）的更换任务操作表如表 11-1 所示。

表 11-1 工业机器人本体润滑油（脂）的更换任务操作表

序　号	操作步骤
1	手动操作将工业机器人移至换油姿态
2	根据工业机器人机械保养手册，找到工业机器人各轴的注油口和排油口位置
3	在补充润滑油（脂）时，取下排油口的螺塞，用油枪从注油口注油。在安装排油口螺塞前，运转轴几分钟，使多余的润滑油（脂）从排油口排出
4	用抹布擦净从排油口排出的多余润滑油（脂），安装螺塞。螺塞的螺纹处要包缠生胶带并使用扳手拧紧
5	在更换润滑油（脂）时，取下排油口螺塞，使用油枪从注油口注油。从排油口排出旧油，当开始排出新油时，说明润滑油（脂）更换完成
6	在安装排油口螺塞前，运转轴几分钟，使多余的润滑油（脂）从排油口排出
7	用抹布擦净从排油口排出的多余润滑油（脂），安装螺塞。螺塞的螺纹处要包缠生胶带并使用扳手拧紧

项目 12：案例——FANUC 工业机器人操作与维护

项目导言

在运行搬运码垛机器人的过程中，由于操作人员的失误，工业机器人末端执行器与工作台发生碰撞，造成了末端执行器的损坏。现在需要维护人员更换损坏的末端执行器，并且恢复工业机器人的正常运行。

项目目标

（1）使用示教器操作工业机器人到达指定位置。

（2）按照正确的操作步骤停止工业机器人。

（3）按照正确的操作步骤拆除并更换工业机器人末端执行器。

（4）校准安装后的末端执行器。

（5）恢复搬运码垛机器人的正常运行。

任务 12.1　操作工业机器人到达安全区域

【任务描述】

由于操作人员的失误，工作站中工业机器人的末端执行器发生碰撞，末端执行器发生碰撞位置如图 12-1 所示。

此时需要维护人员使用示教器操作工业机器人离开碰撞区域，到达安全区域。

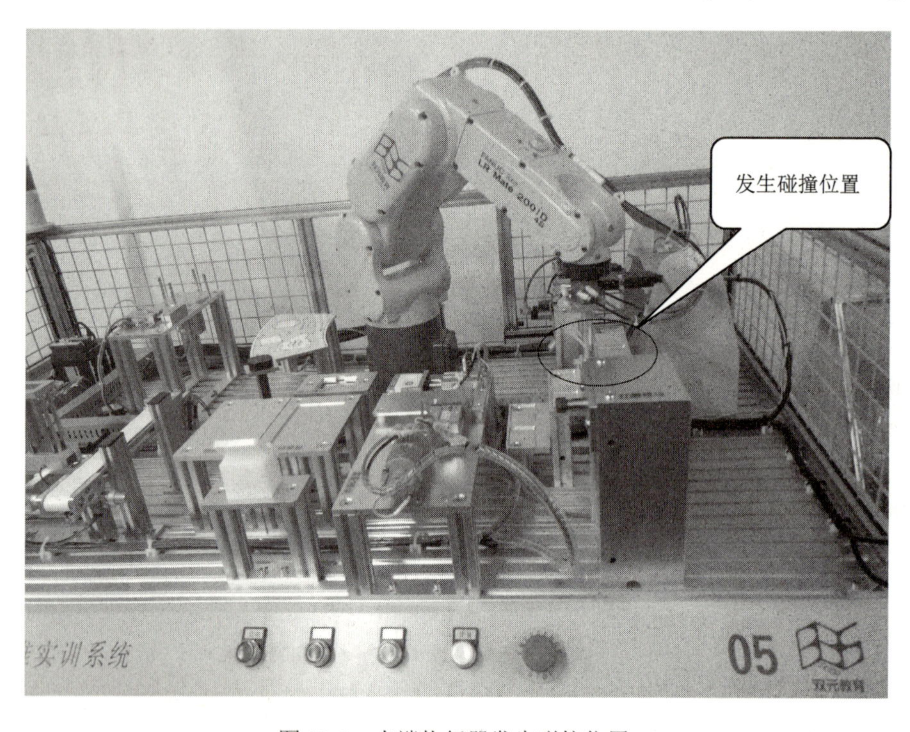

图 12-1　末端执行器发生碰撞位置

【工作流程】

（1）使用示教器操作工业机器人离开碰撞区域。

（2）使用示教器操作工业机器人到达安全区域。

（3）按下示教器急停按钮，确认工业人机器人处于停止运行状态。

（4）悬挂维护维修工作警示标志。

任务实施

操作工业机器人到达安全区域操作步骤如表 12-1 所示。

表 12-1 操作工业机器人到达安全区域操作步骤

序 号	操 作 步 骤	图 片
1	示教器的报警画面如右图所示，按下 RESET 键解除工业机器人的报警状态	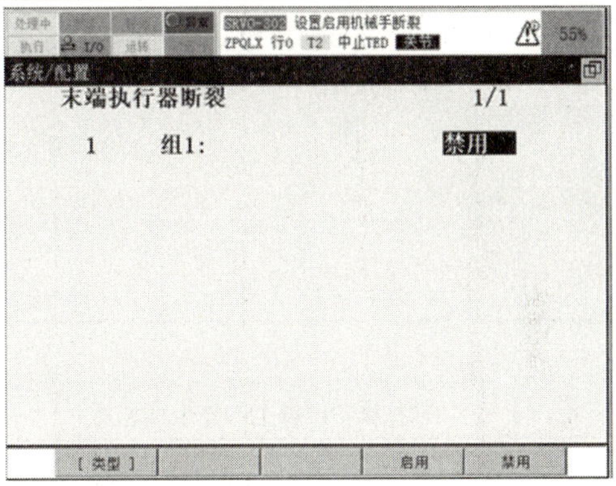 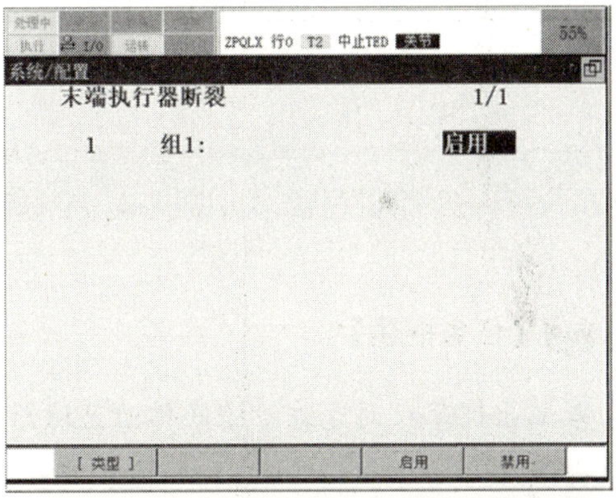
2	确认工业机器人在到达零点位置的路径上不会发生二次碰撞，然后使用示教器操作工业机器人到达安全区域	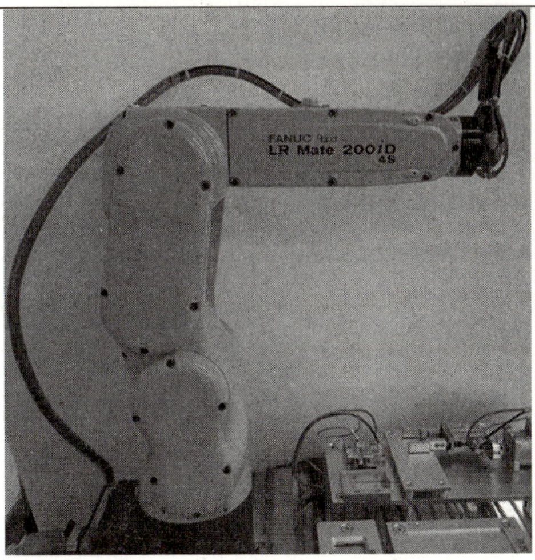

续表

序　　号	操 作 步 骤	图　　片
3	当工业机器人到达安全位置后，按下工业机器人控制柜的急停按钮和示教器的急停按钮，并确认工业机器人处于停止运行状态	急停按钮 急停按钮
4	悬挂维护维修工作警示标志	警示 CAUTION 设备维修中 禁止合闸

任务 12.2　更换工业机器人末端执行器

【任务描述】

当工业机器人到达维护维修作业区域后，选择适当的工具拆除并更换工业机器人末端执行器。

【工作流程】

（1）观察拆除前末端执行器附件的安装状态，并进行标记。

（2）选择合适的工具，对工业机器人末端执行器附件进行拆除。

（3）选择合适的工具，对工业机器人末端执行器进行拆除。

（4）检查六轴法兰盘安装面是否处于零点位置。

（5）安装工业机器人末端执行器。

（6）安装工业机器人末端执行器附件。

任务实施

更换工业机器人末端执行器的操作步骤如表 12-2 所示。

表 12-2 更换工业机器人末端执行器的操作步骤

序 号	操 作 步 骤	图 片
1	观察拆除前末端执行器附件的安装状态并进行标记	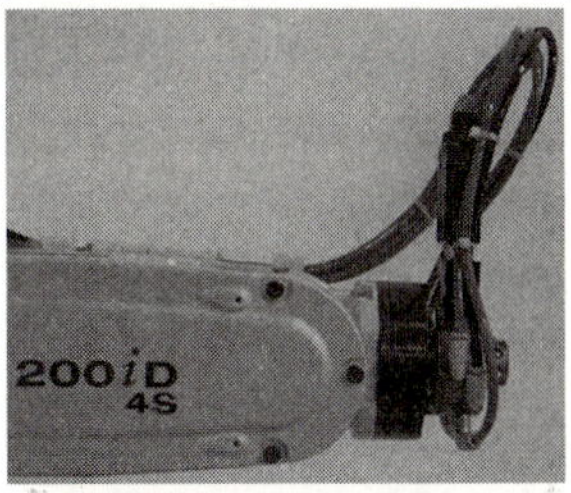
2	选择合适的工具对工业机器人末端执行器附件进行拆除	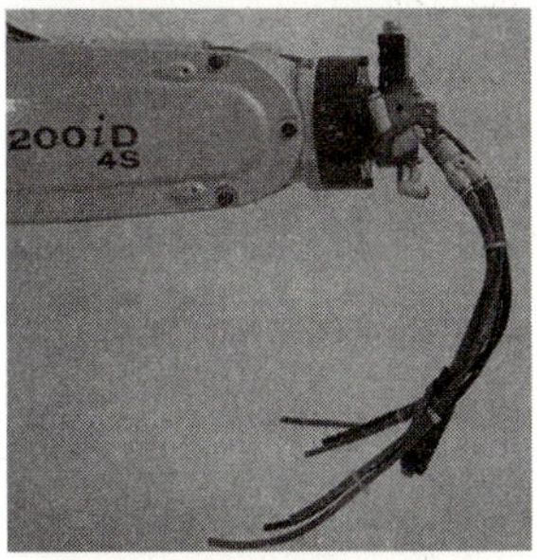
3	选择合适的工具对末端执行器进行拆除，拆下的标准件应摆放整齐	 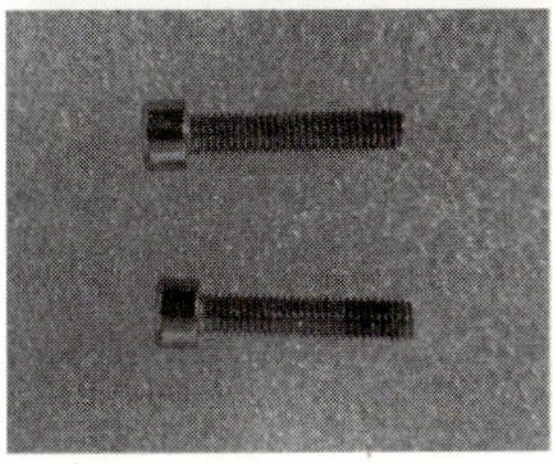

续表

序　号	操 作 步 骤	图　片
4	观察六轴法兰盘的安装面是否处于零点位置	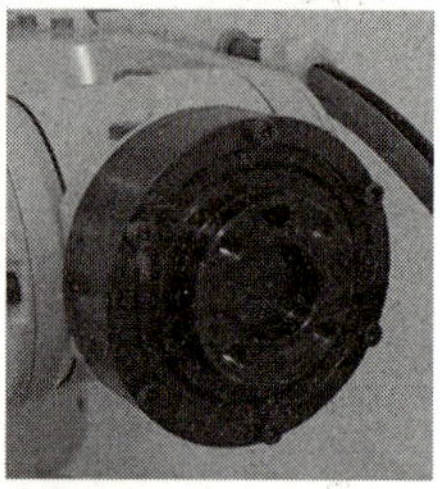 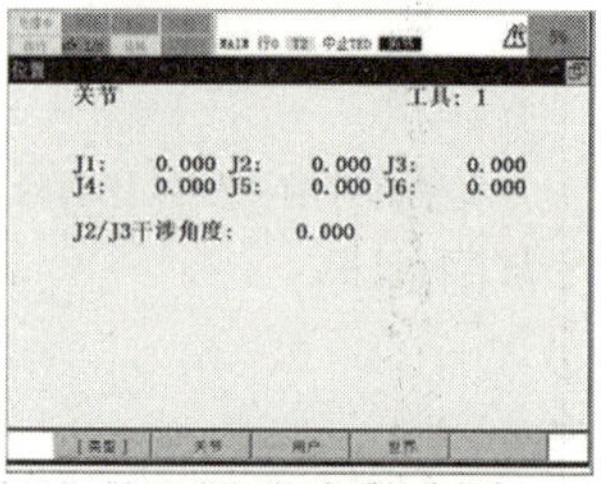
5	选择合适的内六角扳手安装新的末端执行器	
6	根据之前的标记，对末端执行器附件进行安装，去除标记，完成安装	
7	当工业机器人末端执行器及其附件安装完成后，需要与工业机器人末端执行器气动原理图进行对比，验证安装的正确性	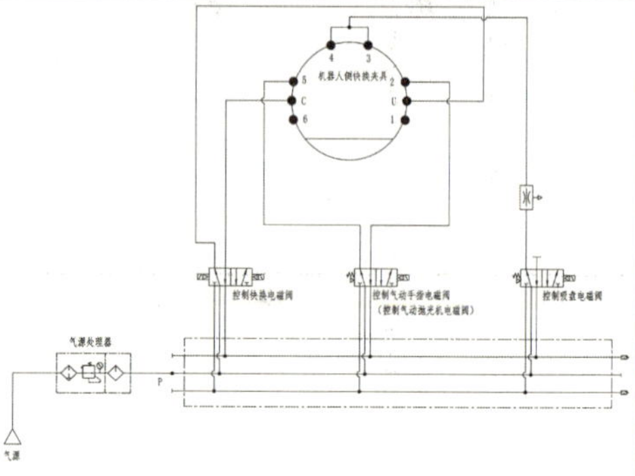

任务 12.3 搬运码垛机器人恢复运行

【任务描述】

当完成了末端执行器的更换后，我们要检测搬运码垛机器人末端执行器的功能是否正常，并且通过重新标定工具坐标系和导入样例程序的方式，测试搬运码垛机器人更换末端执行器后的运行是否正常。

【工作流程】

（1）通过直接输入法重新标定搬运码垛机器人的工具坐标系并进行测试。

（2）检查搬运码垛机器人末端执行器附件的运行是否正常。

（3）导入样例程序，采用手动运行模式，单步运行程序，测试搬运码垛机器人是否可以完成规定动作。

（4）当搬运码垛机器人测试程序运行完毕，故障解除后，摘除维护维修工作警示标志。

（5）完成搬运码垛机器人末端执行器的更换。

任务实施

搬运码垛机器人恢复运行操作步骤如表 12-3 所示。

表 12-3 搬运码垛机器人恢复运行操作步骤

序　号	操 作 步 骤	图　片
1	通过直接输入法重新标定搬运码垛机器人的工具坐标系	

续表

序　号	操作步骤	图　片
2	使用搬运码垛机器人控制 I/O 强制输出，测试末端执行器的吸盘是否可以正常工作	
3	导入搬运码垛样例程序	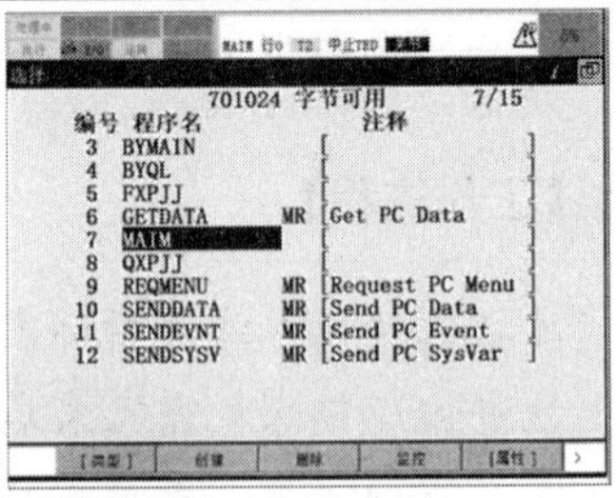 701024 字节可用　7/15 编号 程序名　注释 3 BYMAIN [ ] 4 BYQL [ ] 5 FXPJJ [ ] 6 GETDATA MR [Get PC Data] 7 MAIM [ ] 8 QXPJJ [ ] 9 REQMENU MR [Request PC Menu] 10 SENDDATA MR [Send PC Data] 11 SENDEVNT MR [Send PC Event] 12 SENDSYSV MR [Send PC SysVar]
4	使用 SHIFT+FWD 组合键单步运行程序观察末端执行器的工作状态	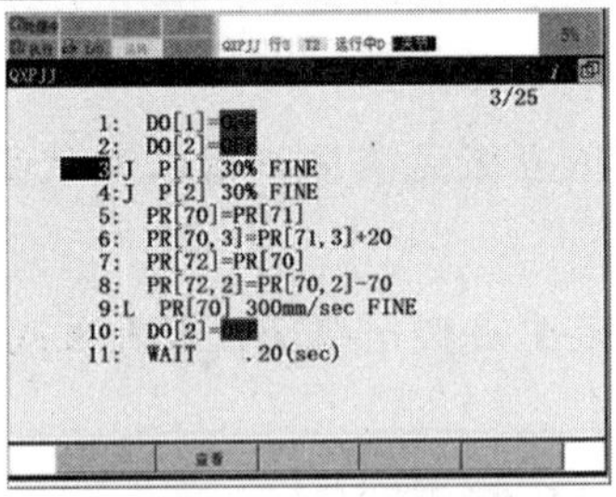 QXPJJ　3/25 1: DO[1]= 2: DO[2]= 3:J P[1] 30% FINE 4:J P[2] 30% FINE 5: PR[70]=PR[71] 6: PR[70,3]=PR[71,3]+20 7: PR[72]=PR[70] 8: PR[72,2]=PR[70,2]-70 9:L PR[70] 300mm/sec FINE 10: DO[2]= 11: WAIT .20(sec)
5	自动运行程序，推料气缸将料块推出，通过传输带将料块传送到取料位置	 料仓 取料位置
6	搬运码垛机器人取料并进行码垛，码垛形状如右图所示	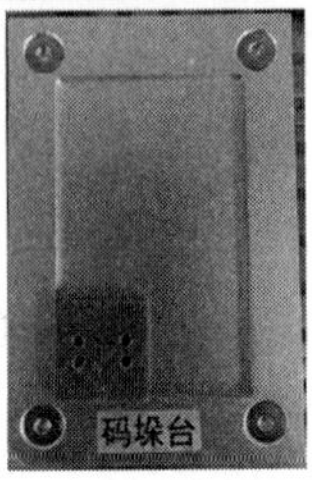 码垛台
7	搬运码垛机器人程序测试正常，解除维修维护工作警示标志，完成末端执行器的更换	

项目 13：案例——ABB 工业机器人搬运码垛样例程序调试与运行

项目导言

本项目围绕工业机器人操作人员岗位的职责和企业实际生产中工业机器人操作人员的工作内容，对 ABB 工业机器人搬运码垛样例程序的调试与运行进行了详细的讲解，并设置了丰富的实训任务，可以使读者通过实操进一步掌握 ABB 工业机器人搬运码垛样例程序调试与运行的操作方法（本项目中的工业机器人均指 ABB 工业机器人）。

项目目标

（1）培养采用手动运行模式控制工业机器人进行搬运码垛的能力。

（2）培养采用自动运行模式控制工业机器人进行搬运码垛的能力。

（3）培养查看工业机器人信息提示和事件日志的意识。

任务 13.1　搬运码垛样例程序的恢复

【任务描述】

某搬运码垛工作站的工业机器人要进行搬运码垛工作，首先要完成搬运码垛模块的安装，并将搬运码垛样例程序导入工业机器人系统。请你根据实训指导手册完成搬运码垛样例程序的恢复。

【工作流程】

（1）根据操作步骤完成搬运码垛模块的安装。

（2）导入搬运码垛样例程序。

（3）根据操作步骤完成搬运码垛样例程序的恢复。

任务实施

13.1.1　搬运码垛工作站的安装

搬运码垛工作站包括工业机器人系统（工业机器人本体和控制器）、工具单元、码垛单元、智能仓储料架，如图 13-1 所示。工业机器人末端装有夹爪工具，夹爪工具从智能仓储料架上拾取 2 块码垛物料块，依次将码垛物料块码放到物料码放台的 1 号工位上，1 号工位的位置如图 13-2 所示。搬运码垛工作站机械部分安装操作步骤如表 13-1 所示。

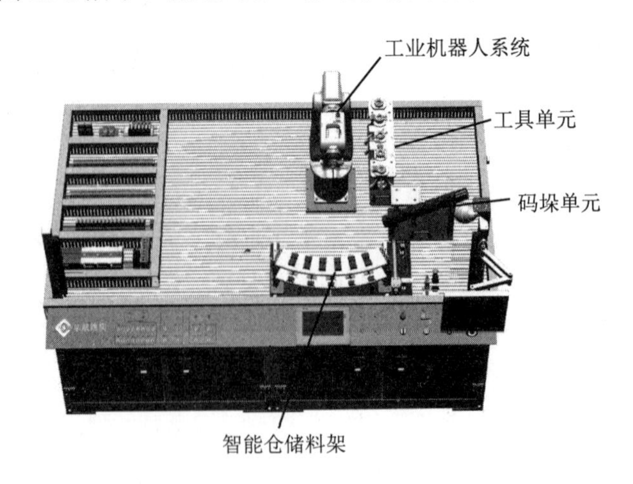

图 13-1　搬运码垛工作站示意图

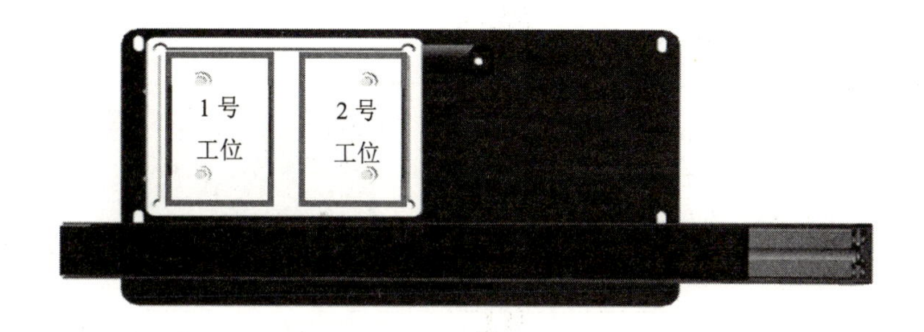

图 13-2　码垛单元物料码放台工位示意图

表 13-1　搬运码垛工作站机械部分安装操作步骤

序　号	操 作 步 骤	图　示
1	根据搬运码垛工作站机械布局图，使用卷尺测量出工业机器人本体、控制器（包括控制柜和 ABB 示教器）、码垛单元、工具单元、智能仓储料架的安装位置并进行标记	
2	完成工业机器人本体的机械安装	
3	完成工业机器人与控制柜、ABB 示教器的安装与接线	

续表

序　号	操 作 步 骤	图　示
4	将码垛单元放置到工作站任务平台上合适的位置，使用内六角扳手和 4 个 M5 的内六角螺钉紧固码垛单元底板	
5	将智能仓储料架放置到工作站任务平台上合适的位置，保证智能仓储料架的初始位置靠近工作站任务平台的边缘，使用内六角扳手和 4 个 M5 的内六角螺钉紧固智能仓储料架底板	
6	将工具单元放置到工作站任务平台上合适的位置，使用内六角扳手和 4 个 M5 的内六角螺钉紧固工具单元底板	

13.1.2　搬运码垛样例程序的导入

导入搬运码垛样例程序的操作步骤如表 13-2 所示。

表 13-2　导入搬运码垛样例程序的操作步骤

序　号	操 作 步 骤	图　片
1	将保存了搬运码垛样例程序的.mod 文件的 USB 存储设备（如 U 盘）插入示教器的 USB 端口。 在程序编辑器内点击右图所示位置的“任务与程序”	

续表

序　号	操 作 步 骤	图　片
2	点击“显示模块”	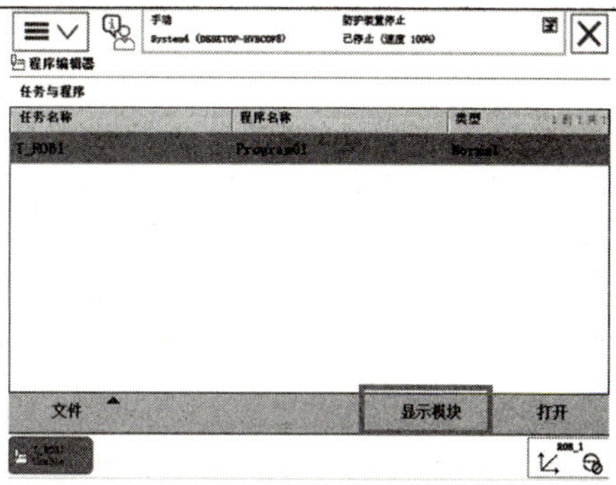 手动 System4 (DESKTOP-HVBCOF8) 防护装置停止 已停止 (速度 100%) 程序编辑器 任务与程序 任务名称 程序名称 类型 T_ROB1 Program01 Normal 文件 显示模块 打开 ROB_1
3	点击“加载模块”	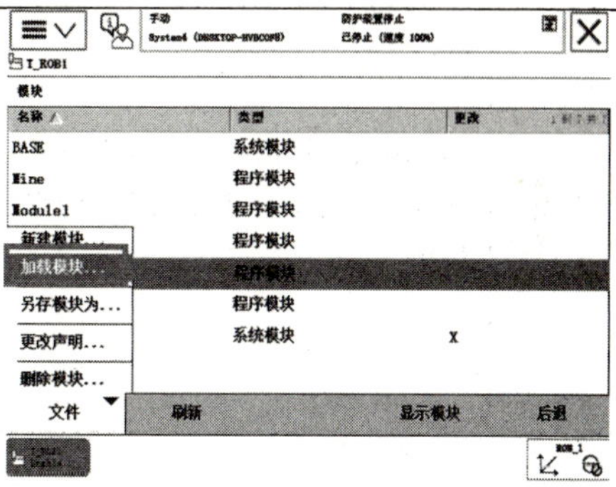 手动 System4 (DESKTOP-HVBCOF8) 防护装置停止 已停止 (速度 100%) T_ROB1 模块 名称 类型 更改 BASE 系统模块 Mine 程序模块 Module1 程序模块 新建模块... 程序模块 加载模块... 程序模块 另存模块为... 程序模块 更改声明... 系统模块 X 删除模块... 文件 刷新 显示模块 后退 ROB_1
4	点击“是”	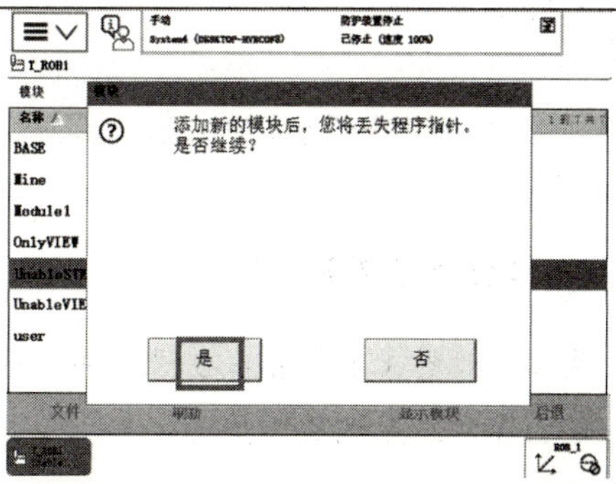 手动 System4 (DESKTOP-HVBCOF8) 防护装置停止 已停止 (速度 100%) T_ROB1 模块 名称 BASE Mine Module1 OnlyVIEW UnableSTR UnableVIE user 模块 添加新的模块后，您将丢失程序指针。 是否继续？ 是 否 文件 刷新 显示模块 后退 ROB_1
5	点击界面中的文件图标，找到备份在 USB 存储设备中的.mod 文件，如右图所示	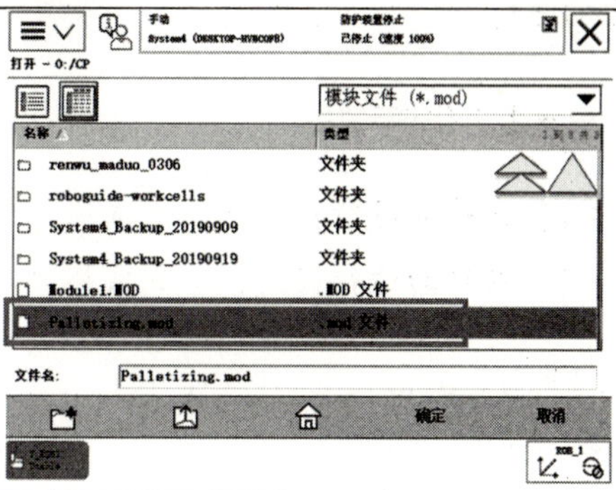 手动 System4 (DESKTOP-HVBCOF8) 防护装置停止 已停止 (速度 100%) 打开 - O:/CP 模块文件 (*.mod) 名称 类型 renwu_maduo_0306 文件夹 roboguide-workcells 文件夹 System4_Backup_20190909 文件夹 System4_Backup_20190919 文件夹 Module1.MOD .MOD 文件 Palletizing.mod .mod 文件 文件名: Palletizing.mod 确定 取消 ROB_1

续表

序　　号	操 作 步 骤	图　　片
6	点击“确定”，完成搬运码垛样例程序的导入	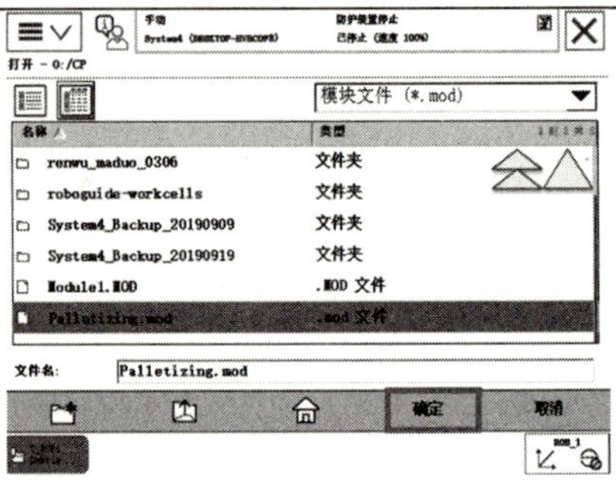
7	搬运码垛样例程序导入成功（见右图），到此完成了搬运码垛样例程序的恢复	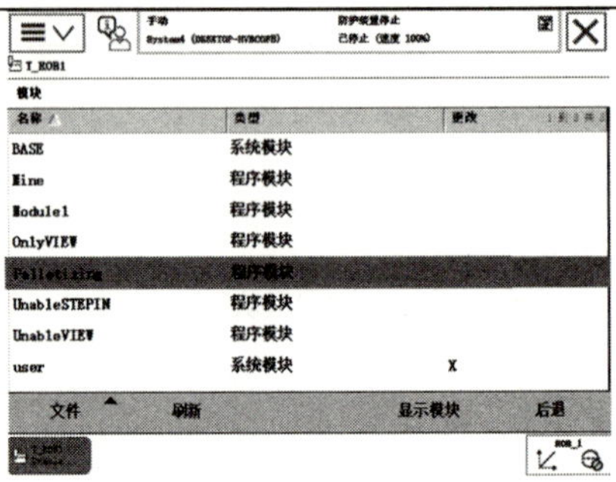

任务 13.2　搬运码垛样例程序的运行

【任务描述】

某工作站的工业机器人要进行搬运码垛工作，搬运码垛模块已安装完成，搬运码垛样例程序已导入工业机器人系统。请你根据实训指导手册完成搬运码垛样例程序的手动运行和自动运行。

【工作流程】

（1）在手动运行模式下，完成搬运码垛样例程序的运行。

（2）在自动运行模式下，完成搬运码垛样例程序的运行。

任务实施

13.2.1　在手动运行模式下运行搬运码垛样例程序

在手动运行模式下运行搬运码垛样例程序的操作步骤如表 13-3 所示。

注意：在运行搬运码垛样例程序前，需要先确认智能仓储料架上已摆满码垛物料块，而且智能仓储料架已移动至工业机器人的工作空间，工业机器人本体已安装好夹爪工具。

表 13-3 在手动运行模式下运行搬运码垛样例程序的操作步骤

序 号	操 作 步 骤	图 片
1	将控制柜的模式切换开关旋转到手动运行模式，如右图所示	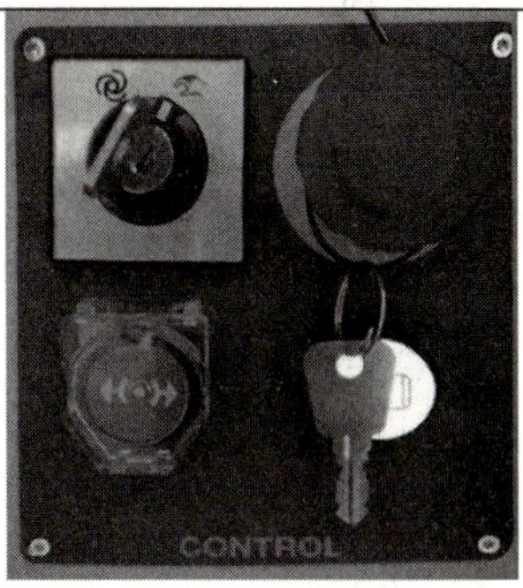 CONTROL
2	点击“程序编辑器”，进入编辑程序界面	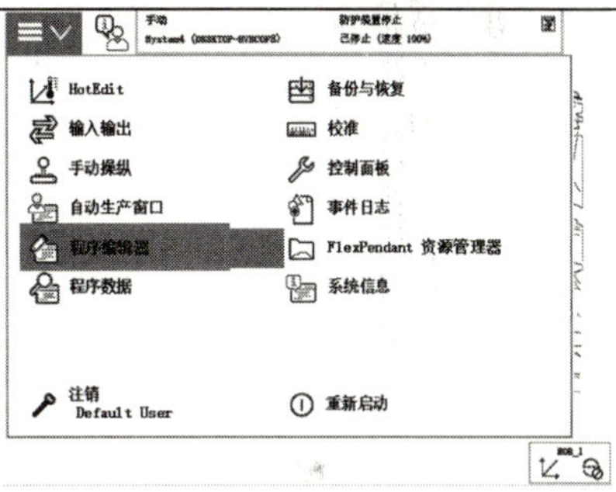 手动 防护装置停止 已停止 (速度 100%) HotEdit 备份与恢复 输入输出 校准 手动操纵 控制面板 自动生产窗口 事件日志 程序编辑器 FlexPendant 资源管理器 程序数据 系统信息 注销 Default User 重新启动
3	点击右图界面中的“调试”	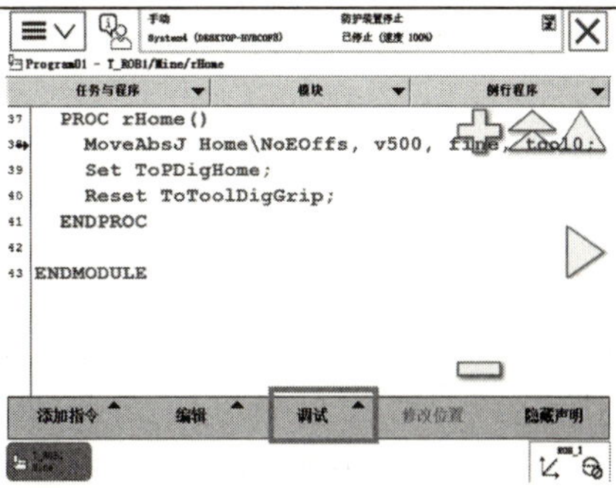 手动 防护装置停止 已停止 (速度 100%) Program01 - T_ROB1/Mine/rHome 任务与程序 模块 例行程序 37 PROC rHome() 38 MoveAbsJ Home\NoEOffs, v500, fine, tool0; 39 Set ToPDigHome; 40 Reset ToToolDigGrip; 41 ENDPROC 42 43 ENDMODULE 添加指令 编辑 调试 修改位置 隐藏声明
4	点击“PP 移至例行程序…”（例行程序即样例程序），如右图所示	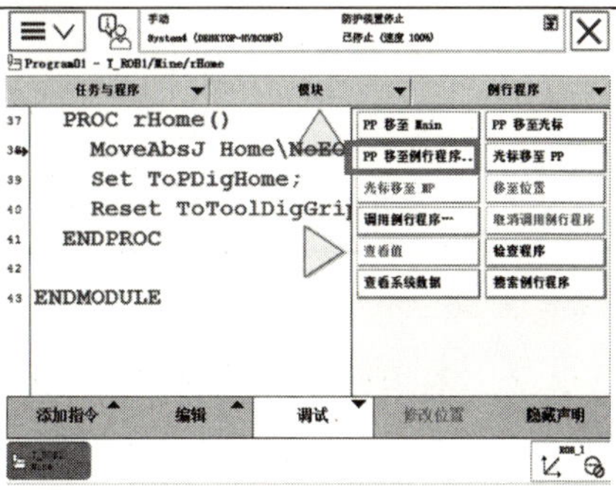 手动 防护装置停止 已停止 (速度 100%) Program01 - T_ROB1/Mine/rHome 任务与程序 模块 例行程序 37 PROC rHome() 38 MoveAbsJ Home\NoEO 39 Set ToPDigHome; 40 Reset ToToolDigGri 41 ENDPROC 42 43 ENDMODULE PP 移至 Main PP 移至光标 PP 移至例行程序… 光标移至 PP 光标移至 MP 移至位置 调用例行程序… 取消调用例行程序 查看值 检查程序 查看系统数据 搜索例行程序 添加指令 编辑 调试 修改位置 隐藏声明

续表

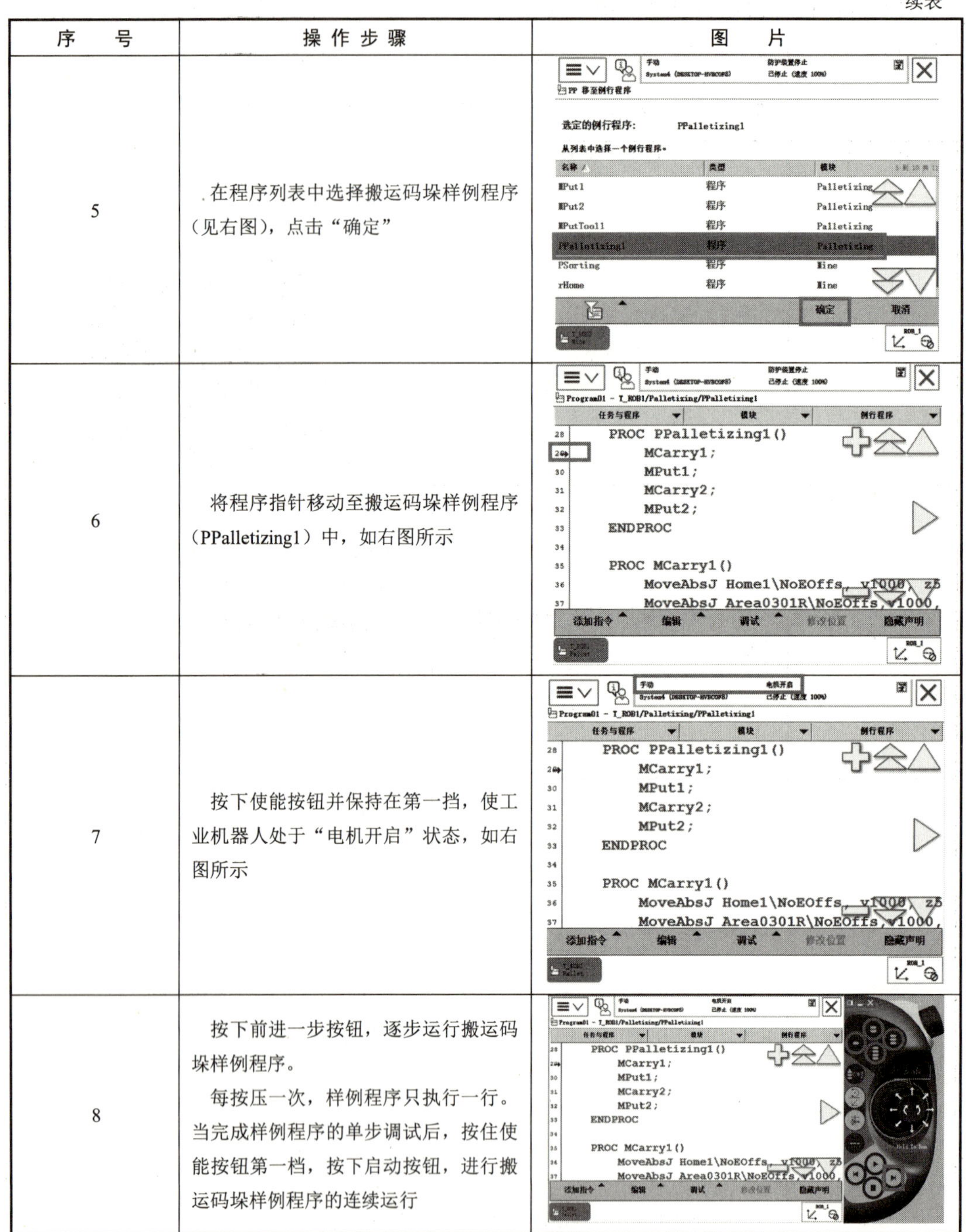

序　　号	操 作 步 骤	图　　片
5	在程序列表中选择搬运码垛样例程序（见右图），点击“确定”	
6	将程序指针移动至搬运码垛样例程序（PPalletizing1）中，如右图所示	
7	按下使能按钮并保持在第一挡，使工业机器人处于“电机开启”状态，如右图所示	
8	按下前进一步按钮，逐步运行搬运码垛样例程序。 每按压一次，样例程序只执行一行。当完成样例程序的单步调试后，按住使能按钮第一档，按下启动按钮，进行搬运码垛样例程序的连续运行	

13.2.2　在自动运行模式下运行搬运码垛样例程序

在手动运行模式下，逐步运行搬运码垛样例程序并验证无误后，再采用自动运行模式运行程序。在自动运行模式下运行搬运码垛样例程序的操作步骤如表 13-4 所示。

表 13-4　在自动运行模式下运行搬运码垛样例程序的操作步骤

序　　号	操 作 步 骤	图　　片
1	将控制柜的模式切换开关旋转到自动运行模式（见右图），并在示教器上点击“确定”，完成运行模式的切换操作	
2	将程序指针移动至搬运码垛样例程序（PPalletizing1）中，如右图所示	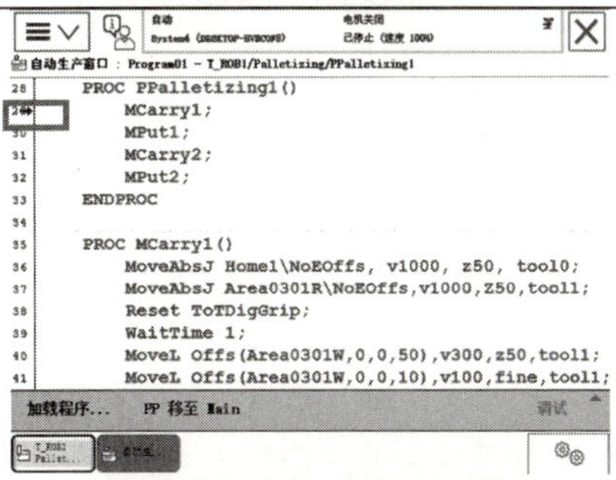
3	按下上电按钮，如右图所示。	
4	确认已切换为自动运行模式且电动机启动，示教器的状态栏信息显示如右图所示	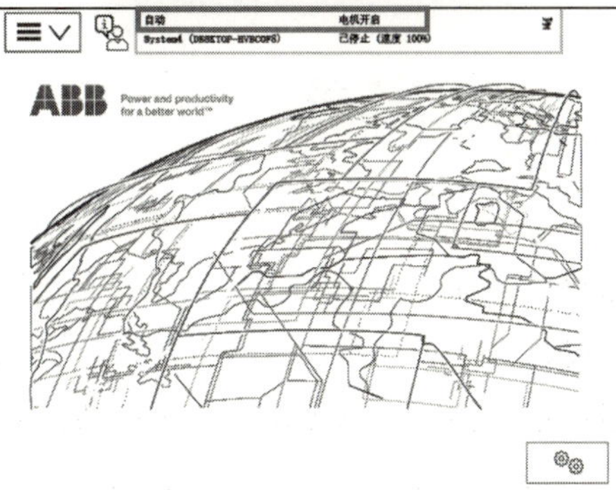

续表

序　号	操 作 步 骤	图　片
5	按下前进一步按钮，可逐步运行搬运码垛样例程序，如右图所示	自动生产窗口：Program01 - T_ROB1/Palletizing/PPalletizing1 26 PROC PPalletizing1() 29 MCarry1; 30 MPut1; 31 MCarry2; 32 MPut2; 33 ENDPROC 34 35 PROC MCarry1() 36 MoveAbsJ Home1\NoEOffs, v1000, z50, tool0; 37 MoveAbsJ Area0301R\NoEOffs,v1000,Z50,tool1; 38 Reset ToTDigGrip; 39 WaitTime 1; 40 MoveL Offs(Area0301W,0,0,50),v300,z50,tool1; 41 MoveL Offs(Area0301W,0,0,10),v100,fine,tool1; 加载程序... PP 移至 Main
6	若按下启动按钮，则可直接连续运行搬运码垛样例程序，如右图所示	自动生产窗口：Program01 - T_ROB1/Palletizing/PPalletizing1 26 PROC PPalletizing1() 29 MCarry1; 30 MPut1; 31 MCarry2; 32 MPut2; 33 ENDPROC 34 35 PROC MCarry1() 36 MoveAbsJ Home1\NoEOffs, v1000, z50, tool0; 37 MoveAbsJ Area0301R\NoEOffs,v1000,Z50,tool1; 38 Reset ToTDigGrip; 39 WaitTime 1; 40 MoveL Offs(Area0301W,0,0,50),v300,z50,tool1; 41 MoveL Offs(Area0301W,0,0,10),v100,fine,tool1; 加载程序... PP 移至 Main

任务 13.3　信息提示与事件日志的查看

【任务描述】

某工作站的工业机器人在搬运码垛的过程中发生错误停止，请你查看信息提示与事件日志，分析并排查产生错误的原因。

【工作流程】

根据操作步骤完成信息提示与事件日志的查看。

任务实施

工业机器人在运行程序的过程中，会在示教器上显示工业机器人当前的工作状态及报警（错误）信息。当工业机器人在运行过程中遇到意外停止工作或生产工作与预期不符时，可通过查看示教器上的信息提示与事件日志了解工业机器人当前所处的工作状态及存在的错误，以便排查原因解决问题。

查看信息提示与事件日志的操作步骤如表 13-5 所示。

表 13-5 查看信息提示与事件日志的操作步骤

序　号	操 作 步 骤	图　片
1	使用触摸屏用笔点击示教器界面上方的状态栏，如右图所示	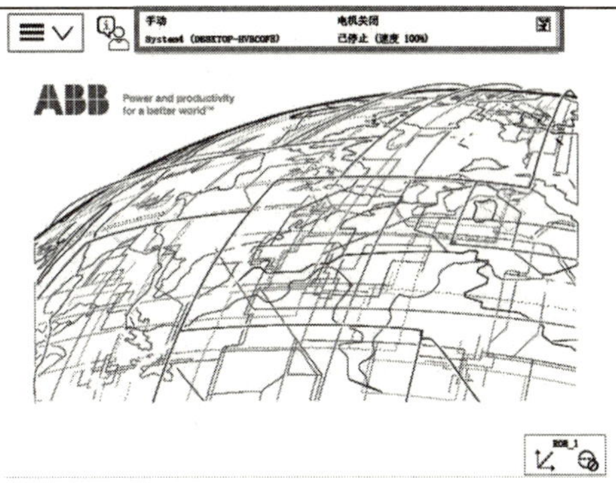 手动 System4 (DESKTOP-HVBCOF8) 电机关闭 已停止 (速度 100%) ABB Power and productivity for a better world™ ROB_1
2	进入事件日志界面，示教器会显示工业机器人的事件日志记录，包括事件发生的时间和日期等（见右图）	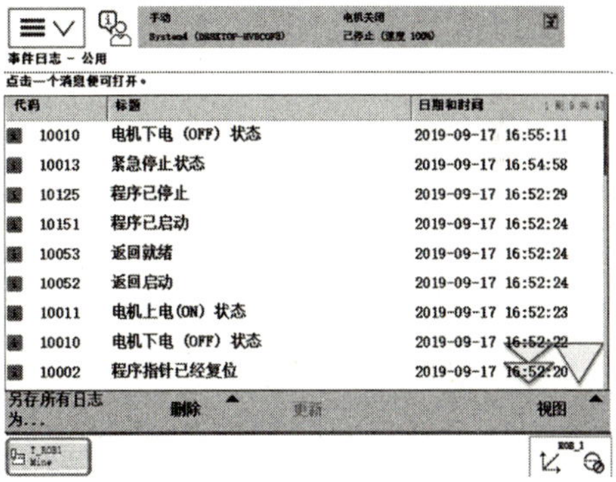 手动 System4 (DESKTOP-HVBCOF8) 电机关闭 已停止 (速度 100%) 事件日志 - 公用 点击一个消息便可打开。 代码 标题 日期和时间 10010 电机下电 (OFF) 状态 2019-09-17 16:55:11 10013 紧急停止状态 2019-09-17 16:54:58 10125 程序已停止 2019-09-17 16:52:29 10151 程序已启动 2019-09-17 16:52:24 10053 返回就绪 2019-09-17 16:52:24 10052 返回启动 2019-09-17 16:52:24 10011 电机上电(ON) 状态 2019-09-17 16:52:23 10010 电机下电 (OFF) 状态 2019-09-17 16:52:22 10002 程序指针已经复位 2019-09-17 16:52:20 另存所有日志为... 删除 更新 视图 T_ROB1 Mine ROB_1
3	使用触摸屏用笔点击操作人员窗口（见右图），可查看程序中人机对话内容，通过该信息提示的内容，可以了解程序执行的具体情况。 提示：在程序中通常使用 TPWrite 指令设置人机对话内容	 手动 System4 (DESKTOP-HVBCOF8) 电机关闭 已停止 (速度 100%) ABB Power and productivity for a better world™ ROB_1

项目 14：案例——多品种物料搬运码垛系统安装与调试

项目导言

本项目围绕工业机器人调试岗位的职责和企业实际生产中多品种物料搬运码垛工作站的安装、调试、运行的工作内容，对多品种物料搬运码垛工作站的安装、搬运码垛样例程序及数据导入、搬运码垛样例程序调试进行了详细的讲解，并设置了丰富的实训任务，使读者进一步理解多品种物料搬运码垛系统安装与调试。

项目目标

（1）培养安装多品种物料搬运码垛工作站的能力。

（2）培养在维护工业机器人前进行数据备份的意识。

（3）培养导入搬运码垛样例程序及数据的能力。

（4）培养调试工业机器人的能力。

任务14.1 多品种物料搬运码垛工作站硬件装配

【任务描述】

某公司新引进一套多品种物料搬运码垛工作站，你作为现场工程师需要根据设备附带的图纸和现场提供的部件，完成多品种物料搬运码垛工作站的机械组装、电气接线、气路连接。

【工作流程】

（1）完成多品种物料搬运码垛工作站的机械组装。

（2）完成多品种物料搬运码垛工作站的电气接线。

（3）完成多品种物料搬运码垛工作站的气路连接。

任务实施

14.1.1 多品种物料搬运码垛工作站的机械组装

根据提供的机械装配图及产品装配工艺过程卡片，严格按照图纸标准和工艺要求，在任务平台上对机械模块（见表14-1）进行装配与位置调整。

表14-1 需要进行装配与位置调整的机械模块

序号	名称	图片	数量
1	料盘	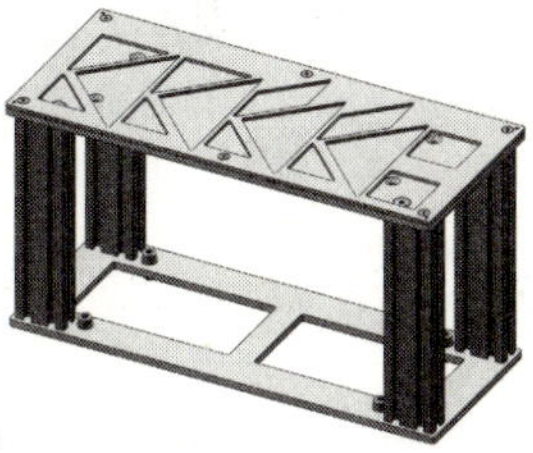	1套
2	绘图板		1套

续表

序　　号	名　　称	图　　片	数　　量
3	夹具库		1套
4	六轴工业机器人		1套
5	电磁阀模块		1套

多品种物料搬运码垛工作站机械装配图如图14-1所示。多品种物料搬运码垛工作站装配工艺过程卡片（1）、（2）、（3）如图14-2、图14-3、图14-4所示。

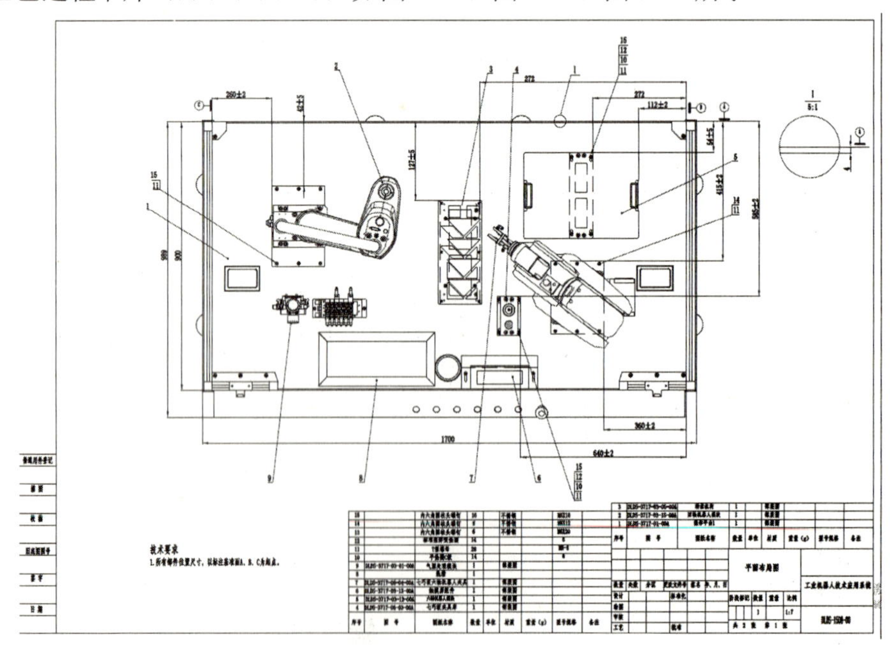

图14-1　多品种物料搬运码垛工作站机械装配图

产品装配工艺过程卡片			产品型号	DLDS-1508	部件图号		共 3 页
			产品名称	工业机器人技术应用实训系统	部件名称		第 1 页
工序号	工序名称	工 序 内 容	参考图纸	参考图片		使用工具	工艺流程确认
1	准备	装配前的准备工作					
		1.仔细阅读机械装配图					
		2.准备齐全有关的装配工具（扳手，螺丝刀等）及紧固件					
2	清理	1.清理基板台面及各部件底面，确保装配完成后设备运行稳定可靠					
		2.整理工具、紧固件等，保持工作现场整洁					
3	紧固要求	基板槽中的T形螺母从型材槽口处置入，当螺钉旋转时会带动T形螺母旋转 90°，如右图所示		错误 正确			

图 14-2 多品种物料搬运码垛工作站装配工艺过程卡片（1）

产品装配工艺过程卡片			产品型号	DLDS-1508	部件图号		共 3 页
			产品名称	工业机器人技术应用实训系统	部件名称		第 2 页
工序号	工序名称	工 序 内 容	参考图纸	参考图片		使用工具	工艺流程确认
4	装配六轴工业机器人	根据机械装配图，以台体基准 A（后侧）和基准 B（右侧）定位六轴工业机器人底座，紧固螺钉	DLDS-1508-00			钢直尺 内六角扳手	
5	装配料盘	根据机械装配图，选用内六角圆柱头螺钉 M6×16、T形螺母 M6-8，并加平垫，以台体基准 A（后侧）和基准 C（左侧）定位料盘底板，紧固螺钉	DLDS-1508-00			钢直尺 内六角扳手	
6	装配电磁阀模块	根据机械装配图，选用内六角圆柱头螺钉M6×16、T形螺母 M6-8，并加平垫，以台体基准 A（后侧）和基准 C（左侧）定位电磁阀模块，紧固螺钉	DLDS-1508-00			钢直尺 内六角扳手	

图 14-3 多品种物料搬运码垛工作站装配工艺过程卡片（2）

		产品装配工艺过程卡片	产品型号	DLDS-1508	部件图号		共 3 页
			产品名称	工业机器人技术应用实训系统	部件名称		第 3 页
工序号	工序名称	工　序　内　容	参考图纸	参考图片		使用工具	工艺流程确认
7	装配绘图板	根据**机械装配图**，选用内六角圆柱头螺钉M6×16、T形螺母M6-8，并加平垫，以台体基准A（后侧）和基准B（右侧）定位绘图板底板，紧固螺钉	DLDS-1508-00			钢直尺 内六角扳手	
8	装配夹具库	根据**机械装配图**，选用内六角圆柱头螺钉M6×16、T形螺母M6-8，并加平垫，以台体基准A（后侧）和基准B（右侧）定位夹具库底板，紧固螺钉	DLDS-1508-00			钢直尺 内六角扳手	

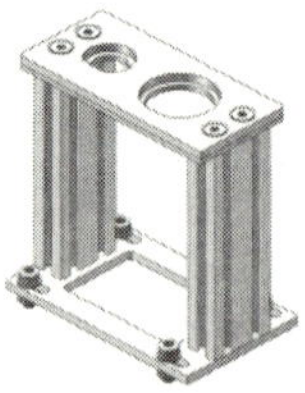

图 14-4　多品种物料搬运码垛工作站装配工艺过程卡片（3）

当机械模块装配及位置调整完成后，多品种物料搬运码垛工作站外观效果图如图 14-5 所示。

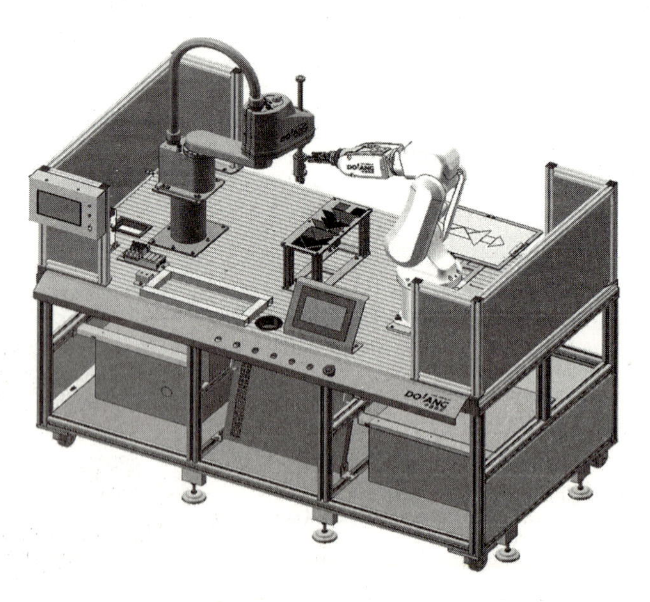

图 14-5　多品种物料搬运码垛工作站外观效果图

14.1.2 多品种物料搬运码垛工作站的电气接线

根据电气原理图（见设备说明书）及产品装配工艺过程卡片（见图 14-6），严格按照图纸标准和工艺要求，完成电气接线。

产品装配工艺过程卡片			产品型号	DLDS-1508	部件图号		共 1 页
			产品名称	工业机器人技术应用实训系统	部件名称		第 1 页
工序号	工序名称	工序内容	参考图纸	参考图片	使用工具	工艺流程确认	
1	电气线路布局	1、基板上安装扎带固定座，扎带固定座的间距为 100~150mm，在转角处两端必须安装扎带固定座，且两端对称	电气原理图		斜口钳		
		2、梳理电磁阀模块已缠绕完成的线路，使用黑色扎带绑扎到基板上的扎带固定座上，扎带间距均匀一致，切割扎带后，扎带的剩余长度不得大于 1mm					
		3、按钮模块导线、触摸屏电源线、24V DC电源线、光幕及工业机器人信号线应全部梳理到线槽中					
2	电气接线	1、根据电气原理图，将按钮模块的线路连接到 I/O 转接模块的对应端子上，注意线号方向为由下向上。拧紧螺钉，不得松动，不得损伤导线绝缘层，导线不得交叉			螺丝刀 斜口钳 压线钳 剥线钳		
		2、根据电气原理图，将工业机器人的信号线连接到 3N 端子上，注意线号方向为由下向上。拧紧螺钉，不得松动，不得损伤导线绝缘层，导线不得交叉					
		3、根据电气原理图，将剩余未连接导线补充完整。导线两端套装线号并压线针，安装到相应位置，拧紧螺钉，不得松动，不得损伤导线绝缘层，导线不得交叉					
		4、盖好线槽盖板。线槽盖板之间距离小于2mm					
		5、插接好转接线，拧紧螺钉					

图 14-6 多品种物料搬运码垛工作站装配工艺过程卡片（4）

14.1.3 多品种物料搬运码垛工作站的气路连接

按照模块化思想和气动原理图完成气路连接，电磁阀代号说明如表 14-2 所示。连接完成后将工作站的工作气压调整到 0.5Mpa。

表 14-2 电磁阀代号说明

序 号	代 号	作 用
1	YV200	六轴工业机器人夹具电磁阀
2	YV201	六轴工业机器人真空吸盘电磁阀

多品种物料搬运码垛工作站气动原理图如图 14-7 所示。

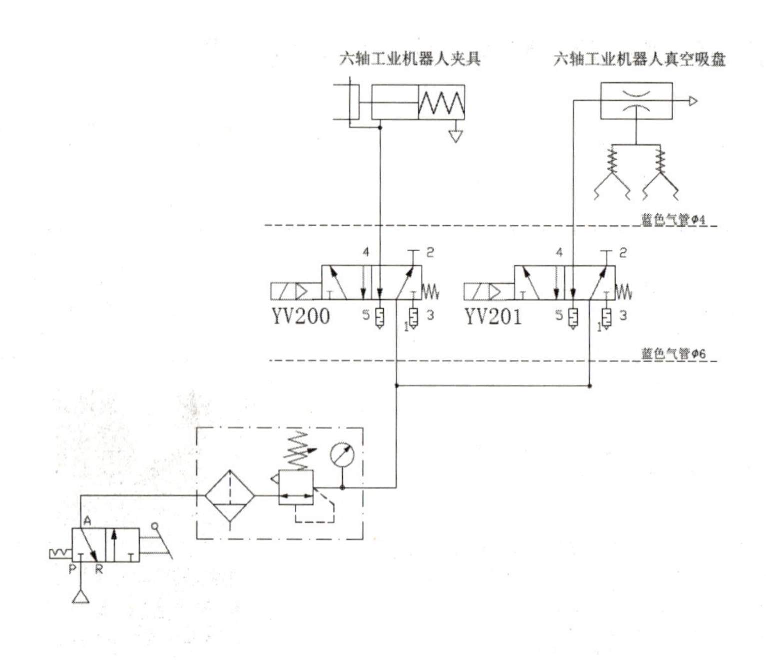

图 14-7　多品种物料搬运码垛工作站气动原理图

多品种物料搬运码垛工作站装配工艺过程卡片（5）如图 14-8 所示。

产品装配工艺过程卡片		产品型号	DLDS-1508	部件图号		共 1 页
		产品名称	工业机器人技术应用实训系统	部件名称		第 1 页
工序号	工序名称	工　序　内　容	参考图纸	参考图片	使用工具	工艺流程确认
1	气路布置	1、根据气动原理图和安装模块的位置，剪切足够尺寸的气管，并做好标记	气动原理图		斜口钳 剪刀	
		2、基板上安装扎带固定座，扎带固定座的间距为 100~150mm，在转角处必须安装扎带固定座，气管的转弯半径为 50~100mm				
		3、梳理气管，使用白色扎带将气管绑扎到基板上的固定座上，扎带间距为50±10mm，且均匀一致，气管不得绑扎太紧，否则会影响气流。切割扎带后，扎带的剩余长度不得大于 1mm				
		4、根据标记，将气管插到对应的快插接头上。要求牢固可靠，不得漏气。第一根扎带离电磁阀模块气管接头连接处的最短距离为 60±5 mm				

图 14-8　多品种物料搬运码垛工作站装配工艺过程卡片（5）

任务 14.2　搬运码垛样例程序恢复

【任务描述】

多品种物料搬运码垛工作站的搬运码垛程序已损坏，或者对指令参数的设置进行了不成功的修改，需要恢复以前的设置，请根据工业机器人样例程序及数据的导入方法，将 U 盘中的搬运码垛样例程序导入本工作站的工业机器人中，并验证导入的样例程序及数据的正确性。

【工作流程】

（1）确定将样例程序及数据导入工业机器人的方法。

（2）将 U 盘中的样例程序及数据导入工业机器人。

14.2.1 操作权限等级划分

工业机器人操作系统提供了操作者、工程师、管理员 3 个权限等级的账号，默认登录账号为操作者。工业机器人系统操作权限表如表 14-3 所示。

表 14-3 工业机器人系统操作权限表

账 号	操 作 者	工 程 师	管 理 员
登录	√	√	√
监控	√	√	√
程序	×	√	√
文件	×	×	√

14.2.2 搬运码垛样例程序恢复步骤

搬运码垛样例程序恢复步骤如表 14-4 所示。

表 14-4 搬运码垛样例程序恢复步骤

序 号	操 作 步 骤	图 片
1	确认 U 盘为 FAT32 文件系统格式。将 U 盘插入电脑，右键 U 盘（此处用鼠标操作），选取属性，确认属性栏中文件系统格式为 FAT32。 若 U 盘的文件系统格式不是 FAT32，则需要将 U 盘格式化为 FAT32 文件系统格式	1.右键U盘 2.选择属性 3.查看文件系统格式

续表

序　号	操作步骤	图　片
2	将计算机中备份的搬运码垛样例程序，或其他工业机器人中的搬运码垛样例程序备份至U盘中，并将U盘插入目标机器人示教器右侧的U盘插口	
3	进入登录界面，点击“登录密码”右侧的输入框； 若不在登录界面，点击任务栏中的“登录”进入登录界面	
4	输入正确的管理员密码，然后点击“√”确认，管理员密码为999999	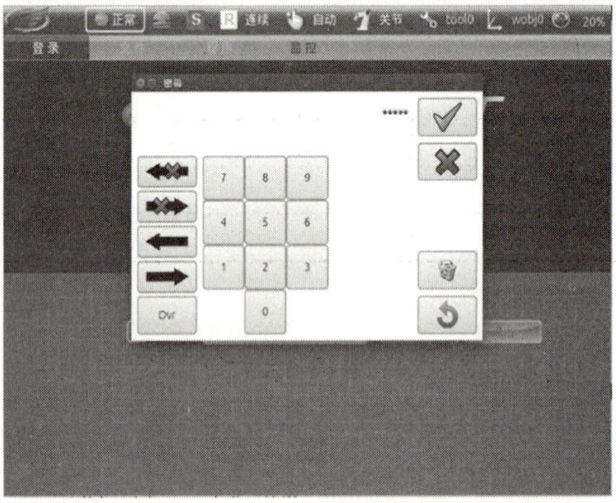
5	点击“登录”，登录成功，账号已由操作者切换为管理员	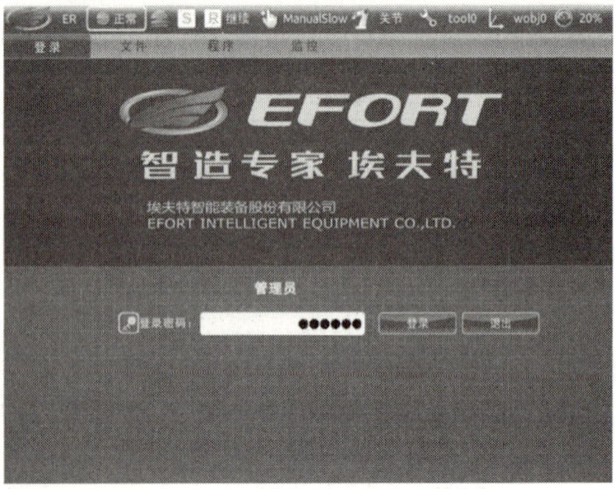

续表

序　　号	操 作 步 骤	图　　片
6	点击状态栏中的“文件”，进入文件列表	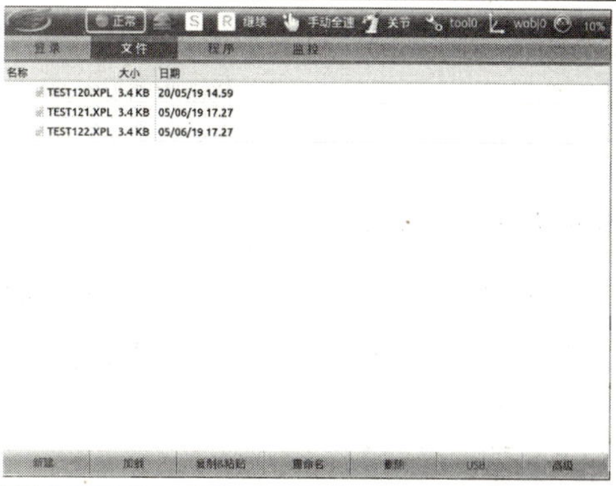
7	打开 U 盘导入界面，点击下方的“USB”，点击“从 USB”则弹出序号 8 中的窗口	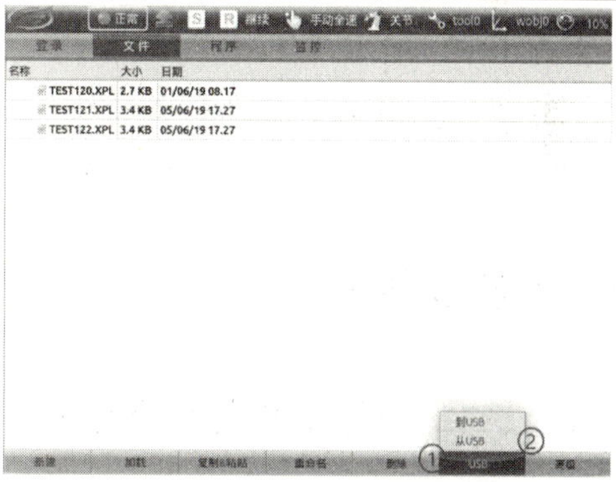
8	找到备份在 U 盘中的搬运码垛样例程序，选中程序导入工业机器人。 找到需要导入的文件并选中，点击“打开”，则程序导入工业机器人。 注意：不能直接将文件夹导入工业机器人，也不能一次导入多个程序	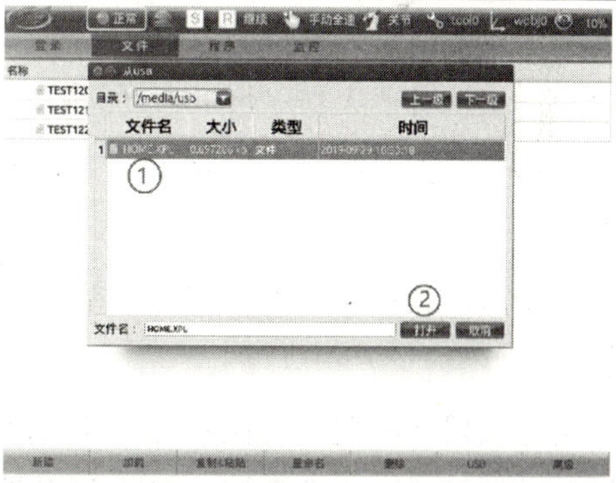
9	导入的搬运码垛样例程序在示教器的文件列表中	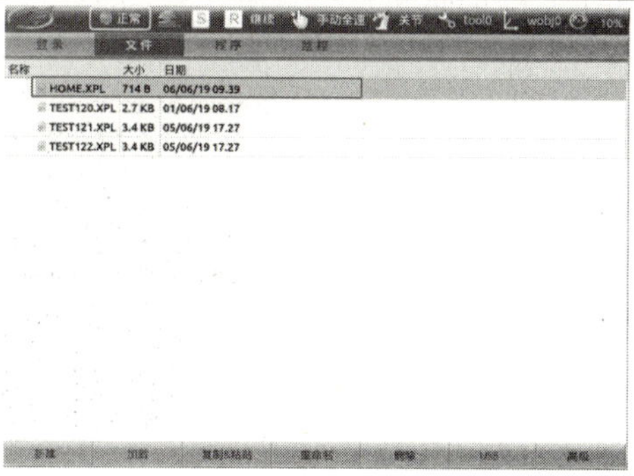

任务 14.3 搬运码垛样例程序手动调试

【任务描述】

多品种物料搬运码垛工作站的工业机器人已经导入了搬运码垛样例程序，需要通过示教器控制六轴工业机器人自动完成规定尺寸的图形绘制和 9 个物料的搬运码垛。

【工作流程】

（1）选择工业机器人运行模式。

（2）设置工业机器人手动运行速度。

（3）检查工业机器人运行轨迹点位。

14.3.1 选择工业机器人运行模式

工业机器人运行模式包括自动、手动慢速、手动全速。

自动：工业机器人程序可以自动运行。

手动慢速：工业机器人程序必须在手动操作，给手压信号下运行，最大运行速度不超过 20%。

手动全速：工业机器人程序必须在手动操作，给手压信号下运行，最大运行速度可以设置到 100%。

利用示教器上的模式切换开关可以切换 3 种运行模式。工业机器人的当前运行模式可以在示教器的状态栏中查看，如图 14-9 所示。

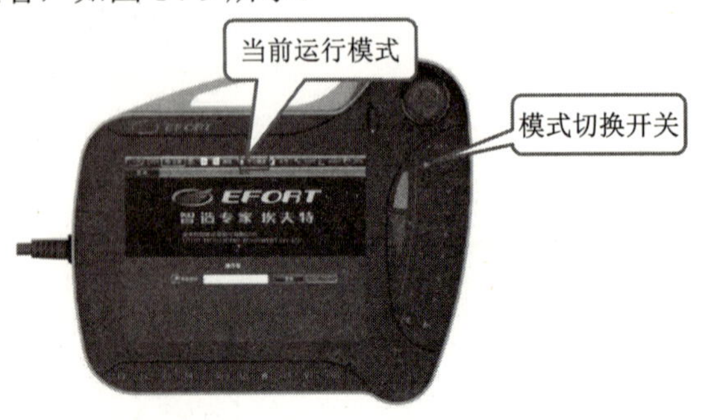

图 14-9 工业机器人模式切换开关与当前运行模式显示

14.3.2 设置工业机器人手动运行速度

在手动慢速运行模式下，工业机器人的运行速度可以设置为最大运行速度的 1%～20%；在手动全速运行模式下，工业机器人的运行速度可以设置为最大运行速度的 1%～100%。

1）按键调节手动运行速度

通过按压示教器下方的 V+键，可以提高运行速度；通过按压示教器下方的 V-键，可以降低运行速度。通过长按的方式，可以快速提高或降低运行速度。

2）快速调节手动运行速度

点击示教器状态栏中的速度显示区，会出现如图 14-10 所示的运行速度设置菜单，点击对应的速度值，即可设置为相应的速度参数。注意在手动慢速运行模式下，点击超过 20%的速度值时，最终设置的运行速度都为 20%。

图 14-10 运行速度设置菜单

14.3.3 检查工业机器人运行轨迹点位

加载样例程序，进行运行轨迹点位的手动确认，检查运行轨迹点位是否有明显错误。当确认无误后，方可运行程序。在手动运行程序时，一定要把工业机器人的运行速度设置在 10%以内，如果在手动示教工业机器人的过程中出现干涉、碰撞等现象，一定要立即停机，并重新示教工业机器人的运行轨迹点位，避开干涉零部件。

工业机器人手动调试方法：在运行程序前，需要将工业机器人伺服使能（将钥匙开关切换到手动运行模式，并按下手压开关），按压 F3 键切换至单步进入状态，这里以单步进入状态为例。检查工业机器人运行轨迹点位操作步骤如表 14-5 所示。

表 14-5　检查工业机器人运行轨迹点位操作步骤

序　　号	操 作 步 骤	图　　片
1	选择第 1 行，点击“Set PC”，将程序指针定位到某一行，这里以第 1 行为例	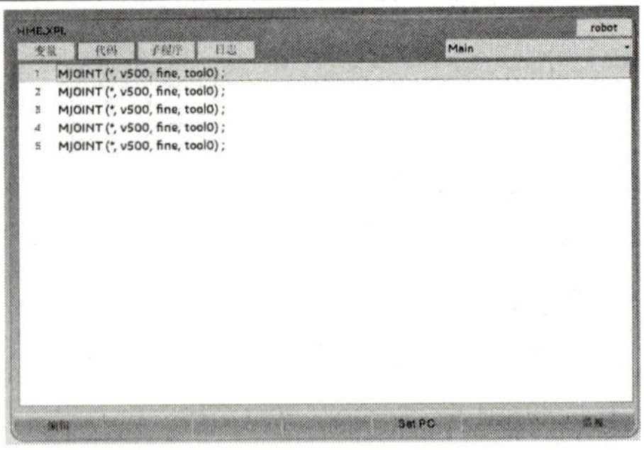 robot Main 1 MJOINT (*, v500, fine, tool0) ; 2 MJOINT (*, v500, fine, tool0) ; 3 MJOINT (*, v500, fine, tool0) ; 4 MJOINT (*, v500, fine, tool0) ; 5 MJOINT (*, v500, fine, tool0) ; Set PC
2	点击“Start”，程序从当前行开始运行。当前行运行完成后，程序指针将跳转至下一行，程序指针状态由白色变成灰色	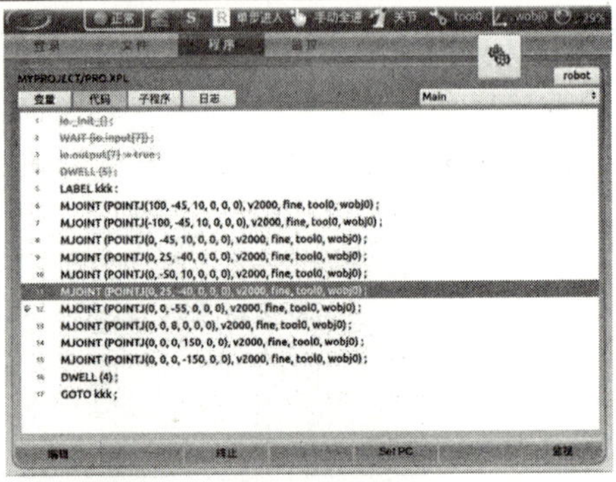 S R tool0 wobj0 MYPROJECT/PRO.XPL 变量 代码 子程序 日志 robot Main 1 io._init_(); 2 WAIT (io.input[7]); 3 io.output[7] := true; 4 DWELL (5); 5 LABEL kkk : 6 MJOINT (POINTJ(100, -45, 10, 0, 0, 0), v2000, fine, tool0, wobj0) ; 7 MJOINT (POINTJ(-100, -45, 10, 0, 0, 0), v2000, fine, tool0, wobj0) ; 8 MJOINT (POINTJ(0, -45, 10, 0, 0, 0), v2000, fine, tool0, wobj0) ; 9 MJOINT (POINTJ(0, 25, -40, 0, 0, 0), v2000, fine, tool0, wobj0) ; 10 MJOINT (POINTJ(0, -50, 10, 0, 0, 0), v2000, fine, tool0, wobj0) ; 11 MJOINT (POINTJ(0, 25, -40, 0, 0, 0), v2000, fine, tool0, wobj0) ; 12 MJOINT (POINTJ(0, 0, -55, 0, 0, 0), v2000, fine, tool0, wobj0) ; 13 MJOINT (POINTJ(0, 0, 8, 0, 0, 0), v2000, fine, tool0, wobj0) ; 14 MJOINT (POINTJ(0, 0, 0, 150, 0, 0), v2000, fine, tool0, wobj0) ; 15 MJOINT (POINTJ(0, 0, 0, -150, 0, 0), v2000, fine, tool0, wobj0) ; 16 DWELL (4) ; 17 GOTO kkk ; 终止 Set PC
3	若选择其他行，再点击“Set PC”，程序指针可以切换到该行	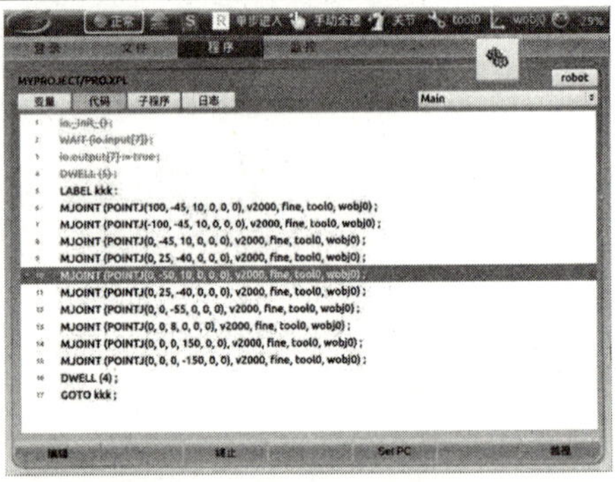 S R tool0 wobj0 MYPROJECT/PRO.XPL 变量 代码 子程序 日志 robot Main 1 io._init_(); 2 WAIT (io.input[7]); 3 io.output[7] := true; 4 DWELL (5); 5 LABEL kkk : 6 MJOINT (POINTJ(100, -45, 10, 0, 0, 0), v2000, fine, tool0, wobj0) ; 7 MJOINT (POINTJ(-100, -45, 10, 0, 0, 0), v2000, fine, tool0, wobj0) ; 8 MJOINT (POINTJ(0, -45, 10, 0, 0, 0), v2000, fine, tool0, wobj0) ; 9 MJOINT (POINTJ(0, 25, -40, 0, 0, 0), v2000, fine, tool0, wobj0) ; 10 MJOINT (POINTJ(0, -50, 10, 0, 0, 0), v2000, fine, tool0, wobj0) ; 11 MJOINT (POINTJ(0, 25, -40, 0, 0, 0), v2000, fine, tool0, wobj0) ; 12 MJOINT (POINTJ(0, 0, -55, 0, 0, 0), v2000, fine, tool0, wobj0) ; 13 MJOINT (POINTJ(0, 0, 8, 0, 0, 0), v2000, fine, tool0, wobj0) ; 14 MJOINT (POINTJ(0, 0, 0, 150, 0, 0), v2000, fine, tool0, wobj0) ; 15 MJOINT (POINTJ(0, 0, 0, -150, 0, 0), v2000, fine, tool0, wobj0) ; 16 DWELL (4) ; 17 GOTO kkk ; 终止 Set PC
4	若点击“终止”，程序指针由灰色变成白色，当前程序被终止	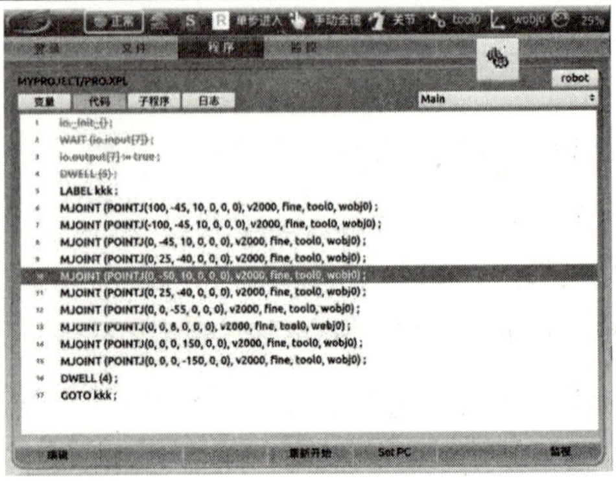 S R tool0 wobj0 MYPROJECT/PRO.XPL 变量 代码 子程序 日志 robot Main 1 io._init_(); 2 WAIT (io.input[7]); 3 io.output[7] := true; 4 DWELL (5); 5 LABEL kkk ; 6 MJOINT (POINTJ(100, -45, 10, 0, 0, 0), v2000, fine, tool0, wobj0) ; 7 MJOINT (POINTJ(-100, -45, 10, 0, 0, 0), v2000, fine, tool0, wobj0) ; 8 MJOINT (POINTJ(0, -45, 10, 0, 0, 0), v2000, fine, tool0, wobj0) ; 9 MJOINT (POINTJ(0, 25, -40, 0, 0, 0), v2000, fine, tool0, wobj0) ; 10 MJOINT (POINTJ(0, -50, 10, 0, 0, 0), v2000, fine, tool0, wobj0) ; 11 MJOINT (POINTJ(0, 25, -40, 0, 0, 0), v2000, fine, tool0, wobj0) ; 12 MJOINT (POINTJ(0, 0, -55, 0, 0, 0), v2000, fine, tool0, wobj0) ; 13 MJOINT (POINTJ(0, 0, 8, 0, 0, 0), v2000, fine, tool0, wobj0) ; 14 MJOINT (POINTJ(0, 0, 0, 150, 0, 0), v2000, fine, tool0, wobj0) ; 15 MJOINT (POINTJ(0, 0, 0, -150, 0, 0), v2000, fine, tool0, wobj0) ; 16 DWELL (4) ; 17 GOTO kkk ; 重新开始 Set PC

续表

序号	操作步骤	图片
5	点击“重新开始”，程序指针返回第 1 行	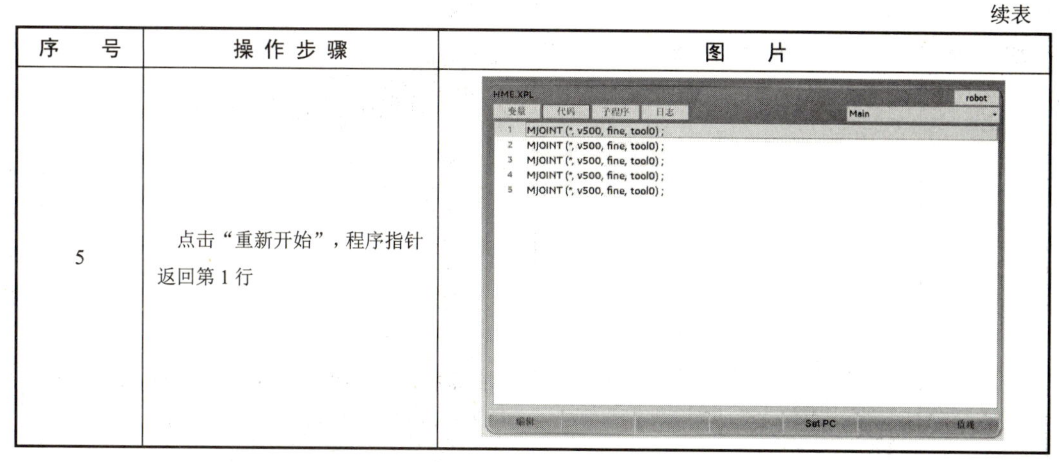

示教点的方法如表 14-6 所示。

表 14-6　示教点的方法

序号	操作步骤	图片
1	点击需要加载的文件（见右图），点击下方操作栏中的“加载”（见右图），系统将加载该文件，并自动跳转到程序界面，确定加载文件，点击“是”	大小 日期 CALLSUB.XPL 898 B 08/08/18 08.36 CFDW.XPL 1.2 KB 10/08/18 04.58 DABAO.XPL 744 B 11/08/18 07.51 EXAMPLE.XPL 662 B 01/07/19 13.42 FIXVISION.XPL 1.8 KB 03/06/19 08.55 GCBD.XPL 16.6 KB HOME.XPL 714 B PALLET.XPL 5.5 KB REHOME.XPL 749 B TEST.XPL 26.2 KB TEST120.XPL 2.4 KB TESTCALL.XPL 5.0 KB TESTPALLET.XPL 2.7 KB TRACKING.XPL 8.7 KB 03/06/19 08.55 YOUQI.XPL 740 B 11/08/18 07.51
2	选中需要示教的点； 选中的指令变为灰色	变量 代码 子程序 日志 Main 93 fidbus.mobtxint[0] := 0 ; 94 qg5() ; 95 rk5() ; 96 MJOINT (p1, v500, fine, tool0) ; 97 fidbus.mobtxint[0] := 8 ; 98 LABEL a8 : 99 WHILE fidbus.mobrxint[0] <> 8 DO 100 GOTO a8 ; 101 END_WHILE ; 102 DWELL (1) ; 103 fidbus.mobtxint[0] := 0 ; 104 qg6() ; 105 rk6() ; 106 MJOINT (p1, v500, fine, tool0) ; 107 MJOINT (p80, v500, fine, tool0) ; 108 fidbus.mobtxint[0] := 9 ; 109 fidbus.mobtxint[0] := 9 ; 110 GOTO a0 ; Set PC

续表

序　　号	操 作 步 骤	图　　片
3	点击示教器上方的“编辑”； 点击“编辑”后，示教器界面将发生跳转，如右图所示	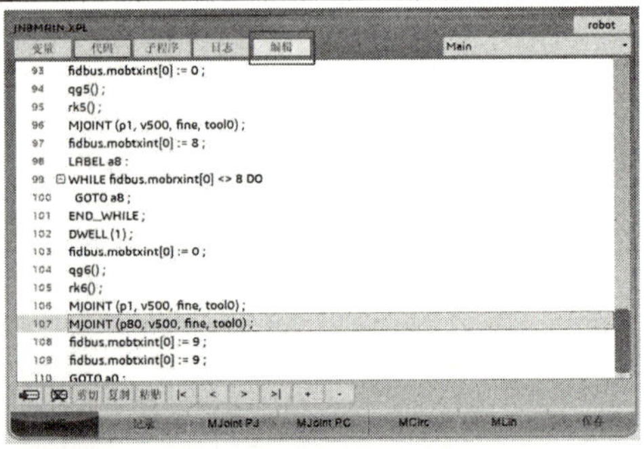 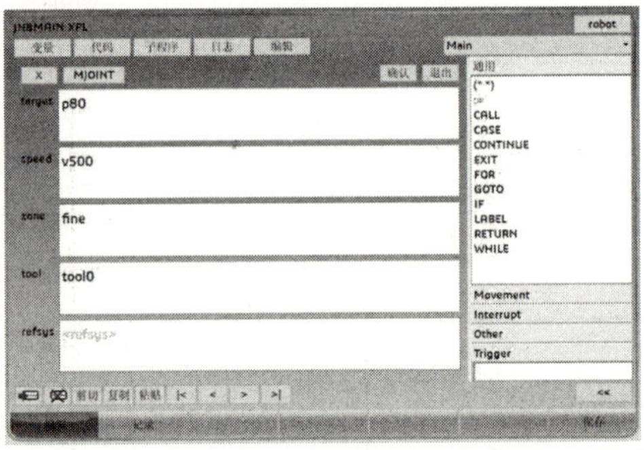 JNBMAIN.XPL robot 变量 代码 子程序 日志 编辑 Main 93 fidbus.mobtxint[0] := 0 ; 94 qg5() ; 95 rk5() ; 96 MJOINT (p1, v500, fine, tool0) ; 97 fidbus.mobtxint[0] := 8 ; 98 LABEL a8 : 99 WHILE fidbus.mobrxint[0] <> 8 DO 100 GOTO a8 ; 101 END_WHILE ; 102 DWELL (1) ; 103 fidbus.mobtxint[0] := 0 ; 104 qg6() ; 105 rk6() ; 106 MJOINT (p1, v500, fine, tool0) ; 107 MJOINT (p80, v500, fine, tool0) ; 108 fidbus.mobtxint[0] := 9 ; 109 fidbus.mobtxint[0] := 9 ; 110 GOTO a0 ; 剪切 复制 粘贴 |< < > >| + - 记录 MJoint P3 MJoint PC MCirc MLin 保存 JNBMAIN.XPL robot 变量 代码 子程序 日志 编辑 Main X MJOINT 确认 退出 通用 target p80 speed v500 zone fine tool tool0 refsys <refsys> (* *) := CALL CASE CONTINUE EXIT FOR GOTO IF LABEL RETURN WHILE Movement Interrupt Other Trigger 剪切 复制 粘贴 |< < > >| << 记录 保存
4	选中需要示教的点（选中点位下方将出现横线）	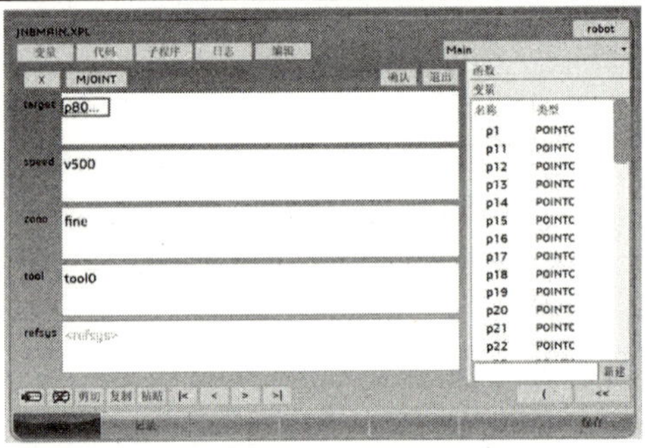 JNBMAIN.XPL robot 变量 代码 子程序 日志 编辑 Main X MJOINT 确认 退出 函数 变量 target p80... speed v500 zone fine tool tool0 refsys <refsys> 名称 类型 p1 POINTC p11 POINTC p12 POINTC p13 POINTC p14 POINTC p15 POINTC p16 POINTC p17 POINTC p18 POINTC p19 POINTC p20 POINTC p21 POINTC p22 POINTC 新建 剪切 复制 粘贴 |< < > >| (<< 记录 保存
5	点击“记录→保存→确认”； 确认后示教器界面将跳转到程序界面	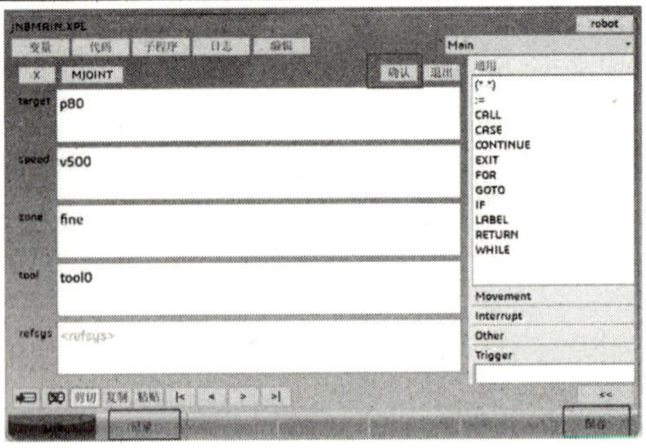 JNBMAIN.XPL robot 变量 代码 子程序 日志 编辑 Main X MJOINT 确认 退出 通用 target p80 speed v500 zone fine tool tool0 refsys <refsys> (* *) := CALL CASE CONTINUE EXIT FOR GOTO IF LABEL RETURN WHILE Movement Interrupt Other Trigger 剪切 复制 粘贴 |< < > >| << 记录 保存

任务 14.4 搬运码垛样例程序自动运行

【任务描述】

多品种物料搬运码垛工作站的工业机器人已经导入了搬运码垛样例程序，且已通过手动调试确定了搬运码垛样例程序和运行轨迹正确，可由六轴工业机器人自动完成规定尺寸图形绘制和 9 个物料搬运码垛。

【工作流程】

（1）检查周边环境。

（2）自动运行搬运码垛样例程序。

14.4.1 检查周边环境

在自动运行工业机器人前操作人员务必保证工业机器人周边环境的安全。

14.4.2 自动运行搬运码垛样例程序

启动工业机器人使其自动运行。在低速运行模式下完成一个工作循环之后，将运行速度逐渐加快至合理速度。

搬运码垛样例程序运行步骤如表 14-7 所示。

表 14-7 搬运码垛样例程序运行步骤

序 号	操 作 步 骤	图 片
1	进入登录界面，点击“登录密码”右侧的输入框； 若不在登录界面，点击任务栏中的“登录”进入登录界面	

续表

序　　号	操 作 步 骤	图　　片
2	输入正确密码，然后点击“√”确认，其中，管理员密码为999999	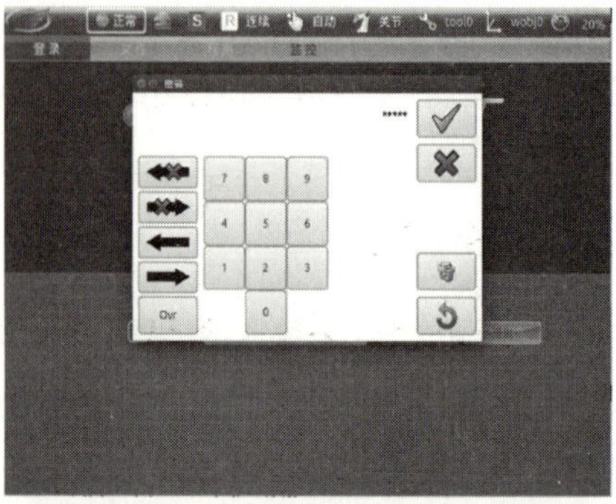 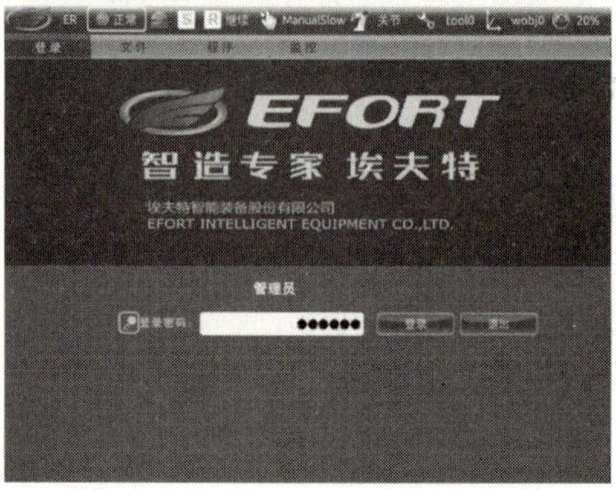
3	点击“登录”，登录成功，账号已由操作者切换为管理员	
4	点击状态栏中的“文件”，进入文件列表	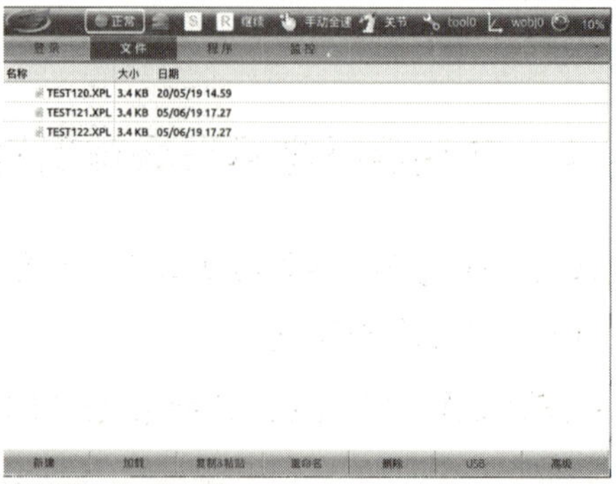
5	加载搬运码垛样例程序。选中搬运码垛样例程序，点击下方快捷操作栏中的“打开”，点击确认对话框中的“是”，开始加载搬运码垛样例程序； 系统在加载程序的过程中，会出现加载进度条，当程序加载完成后，会自动跳转到程序界面，此时会有界面刷新提示框	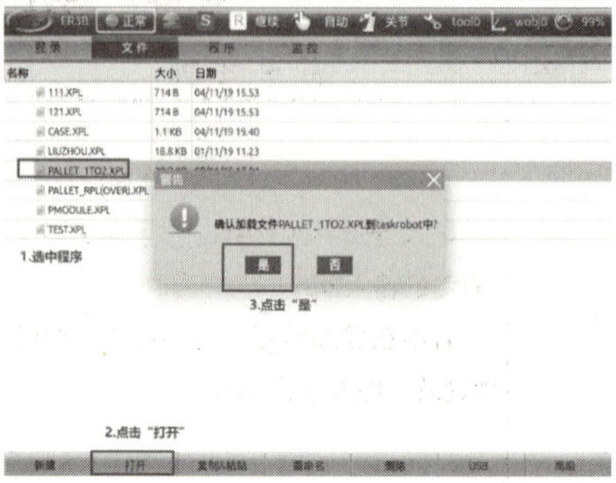

续表

序　号	操 作 步 骤	图　片
6	工业机器人上伺服。将示教器右侧的模式切换开关扭向最左侧，即自动运行模式，按下控制柜的自动运行按钮，并按下示教器屏幕下方快捷键栏最右侧的 PWR 键，操作完成即为工业机器人上伺服； 工业机器人成功上伺服后，在屏幕最上方状态栏左侧的急停状态标志右侧会出现绿色 S 标志。如果工业机器人未上伺服，该标志为白色 S	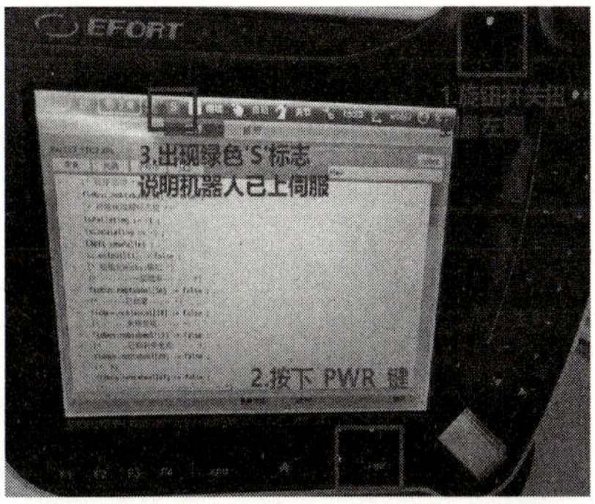 EFORT 1.旋钮开关扭至最左侧 3.出现绿色'S'标志说明机器人已上伺服 2.按下 PWR 键
7	运行样例程序。点击屏幕中快捷操作栏中的“重新开始”，程序将从当前程序的第 1 行开始执行，按下示教器屏幕右侧的开始键，开始运行样例程序； 样例程序成功运行后，伺服标志位右侧会显示绿色 R 标志，同时示教器右侧指示灯为绿色灯亮	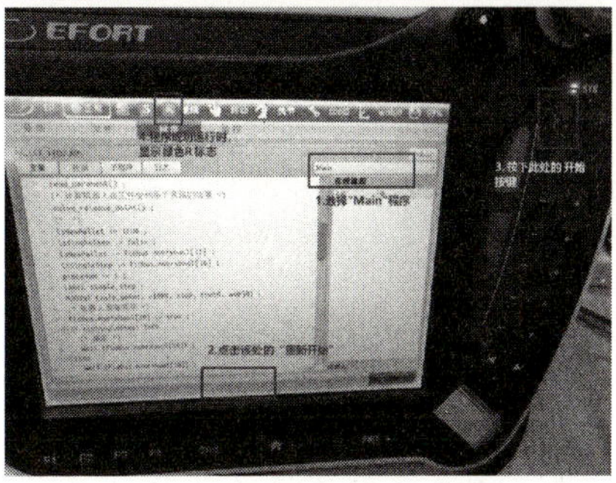 EFORT 1.选择"Main"程序 2.点击该处的"重新开始" 3.按下此处的开始按键

项目 15：案例——KUKA 工业机器人操作与编程

项目导言

本项目以搭载 KUKA 工业机器人 KR3 的 1+X 实训设备为载体，如图 15-1 所示。把实训设备中的基础模块、码垛模块及 I/O 信号配置融入项目实施过程中。通过本项目任务的实施，让读者在做中学、在学中做，在学做一体的过程中掌握工业机器人的基础操作及编程的技能与技巧。

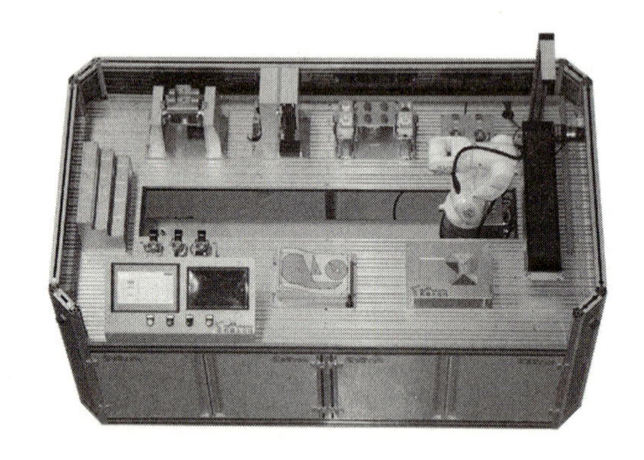

图 15-1　1+X 实训设备

项目目标

（1）培养工业机器人运行轨迹编程的能力。

（2）培养设置工业机器人变量的能力。

（3）培养按照不同的码垛工艺完成码垛指令调用的能力。

任务 15.1 工业机器人码垛应用

【任务描述】

某码垛工作站的码垛机器人等设备已安装完毕，现在需要对码垛机器人进行码垛任务的编程及调试，请根据码垛机器人的码垛工艺要求，将物料码成相应垛型，并验证程序的正确性。

【工作流程】

（1）手动完成吸盘安装。

（2）掌握变量的使用方法。

（3）根据码垛要求完成编程任务并进行调试。

任务实施

15.1.1 手动安装吸盘

手动安装吸盘的操作步骤如表 15-1 所示。

表 15-1 手动安装吸盘的操作步骤

序　号	操 作 步 骤	图　片
1	权限在专家及以上，示教器的操作步骤为“显示→输入端/输出端→数字输入/输出端→2→值”	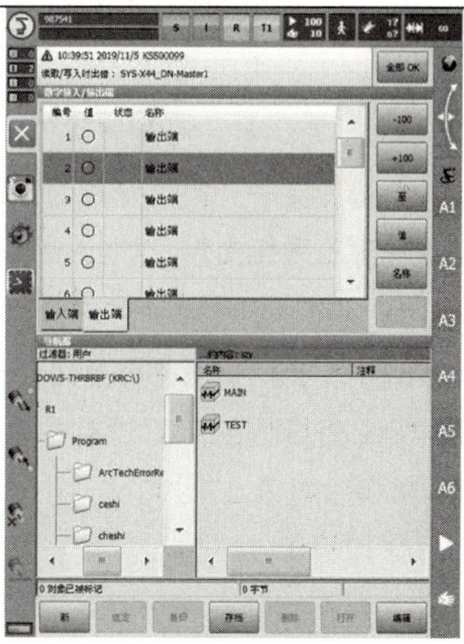

续表

序　号	操 作 步 骤	图　片
2	第二操作人员拿着描绘笔，按照工具的正确安装方向，将工具的公母头对准，然后第一操作人员按照第1步的方法手动安装吸盘	

15.1.2　变量的使用

1．简单数据的使用

a．KRL 中的数据保存

1）使用 KRL 以变量工作

当使用 KRL 对工业机器人进行编程时，如果在程序中使用数据，就会有相应的数据类型处理这些数据，从最普通的意义上来说，变量就是保存在工业机器人的运行过程中出现的计算值（数据）的容器，也就是说变量是保存数据的容器，不同数据的保存方式是不一样的，因此，变量是有类型的，这种类型称为数据类型。每个变量都属于一个专门的数据类型，每个变量都在计算机的储存器中有一个专门指定的地址，并且都有一个非 KUKA 关键词的名称，在使用前必须声明数据类型，KRL 中的变量分为局部变量和全局变量（见图 15-2）。

Variable

存储位置	全局 / 局部
型号	整数/小数、真/假、字符
名称	名称
数值	内容/数值

图 15-2　变量的类型

（1）全局变量——如果变量为全局变量，则该变量随时可以显示。在这种情况下，变量必须保存在系统文件（如 config.dat、machine.dat）中，局部数据列表中的变量为全局变量。

（2）局部变量——局部变量可以分为程序文件中的局部变量和局部数据列表中的局部变量。如果变量是在 SRC 文件中定义的，则该变量仅在程序运行时存在，称为运行时间变量；如果变量是在 DAT 文件中定义的，并且仅在相关程序文件中已知，则其值在关闭程序后保持不变。

2）变量（KRL）的命名规范

在选择 KRL 中的名称时，务必遵守以下规范。

（1）KRL 中的名称长度最多允许为 24 个字符。

（2）KRL 中的名称允许包含字母（A～Z）、数字（0～9），以及特殊字符“_”“$”。

（3）KRL 中的名称不允许以数字开头。

（4）KRL 中的名称不允许为关键词。

（5）KRL 中的名称不区分大小写。

建议使用可以让人一目了然的名称，勿使用晦涩难懂的名称和缩写，并且使用合理的名称长度，不要每次都使用 24 个字符。

3）KRL 中的数据类型

KRL 中的数据类型有以下几种。

（1）预定义的标准数据类型。

（2）数组/Array。

（3）枚举类型。

（4）复合数据类型/结构。

4）KRL 中的生存期和有效性

KRL 中的生存期指的是为变量预留存储位置的时间；KRL 中的有效性通俗来讲指的是变量在某区域内有效，变量分为局部变量和全局变量。

局部变量仅在其被声明的程序中可用并可见，而全局变量则建立在一个中央数据列表中，也可建立在一个局部数据列表中，在声明时冠以关键词 GLOBAL。

在 SRC 文件中创建的变量被称为运行时间变量，该变量具有以下特点。

（1）运行时间变量不能一直显示。

（2）运行时间变量仅在声明的程序段中有效。

（3）运行时间变量在到达程序的最后一行（END 行）时重新释放存储位置。

局部 DAT 文件中的变量具有以下特点。

（1）变量在运行相关 SRC 文件的程序时也可以一直显示。

（2）变量可在完整的 SRC 文件、局部子程序中使用。

（3）变量可创建为全局变量。

（4）可重新调用 DAT 文件中保存的变量值。

系统文件$ CONFIG.DAT 中的变量具有以下特点。

（1）变量可在所有程序中调用。

（2）当没有程序在运行时，变量始终可以被显示。

（3）可重新调用$ CONFIG.DAT 文件中保存的变量值。

b．简单的数据类型

在 KRL 中，简单的数据类型包括以下几种。

（1）BOOL：布尔数，经典式“是”/“否”结果。

（2）REAL：实数，为了避免运算结果在四舍五入的过程中出错。

（3）INT：整数，用于计数循环或件数计数器的经典计数变量。

（4）CHAR：仅是单个字符，字符串或者文本只能作为 CHAR 数组。

简单的数据类型如表 15-2 所示。

表 15-2　简单的数据类型

简单的数据类型	整　数	实　数	布 尔 数	单 个 字 符
关键词	INT	REAL	BOOL	CHAR
数值范围	$-2^{31}\cdots(2^{31}-1)$	$\pm1.1\ 10^{-38}\cdots\pm3.4\ 10^{+38}$	TRUE、FALSE	ASCⅡ字符集
实例	−199 或 56	−0.0000123 或 3.1415	TRUE 或 FALSE	A 或 Q 或 7

1）变量的声明

在 KRL 中使用变量时，必须先进行声明，每个变量均划归一种数据类型，在命名时要遵守命名规范。声明的关键词为 DECL，4 种简单数据类型的声明的关键词 DECL 可省略。

变量声明可以采用不同形式进行：在 SRC 文件中声明、在局部 DAT 文件中声明、在$ CONFIG.DAT 文件中声明、在局部 DAT 文件中配上关键词 PUBLIC 声明，从声明中得出相应变量的生存期和有效性。在创建常量时，常量要用关键词 CONST 建立，并且只允许在数据列表中建立。

2）变量声明的原理

SRC 文件中的程序结构，在声明部分必须声明变量，初始化部分从第一个赋值开始，但通常都是从 INI 行开始，在指令部分会赋值或更改值。

SRC 文件中的程序结构范例如下所示。

```
DEF main ()
; 声明部分
...

; 初始化部分
```

```
INI
...
PTP HOME Vel  =100 % DEFAULT
...
END
```

首先要更改标准界面，因为只有专家才能使 DEF 行显示，为了在使用某些模块时在 INI 行前进入声明部分，所以该过程是必要的。在将变量传递到子程序中时能够看到 DEF 行和 END 行也是非常重要的。

（1）变量声明中规定了生存期。

① 对于 SRC 文件，当程序运行结束时运行时间变量“死亡”。

② 对于 DAT 文件，当程序运行结束后变量还保持着。

（2）变量声明也要规定有效性/可用性。

① 在局部 SRC 文件中，变量声名仅在程序中被声明的地方可用，因此变量仅在局部 DEF 行和 END 行之间可用（主程序或局部子程序）。

② 在局部 DAT 文件中，变量声明在整个程序中有效，即在所有的局部子程序中也有效。

③ 对于$ CONFIG.DAT 文件，变量声明全局可用，即在所有程序中都可以读写。

④ 变量声明在局部 DAT 文件中作为全局变量，全局可用，只要为局部 DAT 文件指定关键词 PUBLIC，并在声明时再另外指定关键词 GOLBAI，就在所有程序中都可以读写。

变量声明还需要规定数据类型，在命名和声明时使用 DECL，使程序便于阅读，并且使用可让人一目了然的合理变量名称。

2. 计算或操纵工业机器人位置

a. 工业机器人的目标位置

（1）使用以下几种结构存储工业机器人的目标位置。

① AXIS / E6AXIS——轴角（A1,…, A6，也可能是 E1,…, E6）。

② POS / E6POS——位置（*x*、*y*、*z*），姿态（A、B、C），以及状态（S）和转角方向（T）。

③ FRAME——仅位置（*x*、*y*、*z*），姿态（A、B、C）。

（2）可以操纵 DAT 文件中的现有位置。

（3）可以通过点号有针对性地对现有位置上的单个集合进行更改。

b．重要的系统变量

（1）$POS_ACT：当前工业机器人的位置。变量（E6POS）指明 TCP 基于基坐标系的额定位置。

（2）$AXIS_ACT：当前工业机器人基于轴坐标的位置（额定值）。变量（E6AXIS）指明当前的轴角或轴位置。

c．计算绝对目标位置

（1）一次性更改 DAT 文件中的位置。

```
XP1.x = 450 ; 新的 X 值 450mm
XP1.z = 30*distance ; 计算新的 Z 值
PTP XP1
```

（2）在每次循环时都更改 DAT 文件中的位置。

```
; X 值每次推移 450mm
XP2.x = XP2.x + 450
PTP XP2
```

（3）位置被应用，并被保存在一个变量中。

```
myposition = XP3
myposition.x = myposition.x + 100 ; 给 x 值加上 100mm
myposition.z = 10*distance ; 计算新的 Z 值
myposition.t = 35 ; 设置转角方向值
PTP XP3 ; 位置未改变
PTP myposition ; 计算出的位置
```

3．变量举例

（1）打开程序。

（2）打开程序后，按照以下顺序添加每行指令。

```
DEF Modul ( )
DECL FRAME POS1
DECL INT W
INI
W=20
PTP HOME Vel= 100 % DEFAULT
PTP P1 Vel= 100 % PDAT1 Tool[1] Base[1]
POS1=XP1
POS1.Z=POS1.Z+W
PTP POS1
…
```

以上 POS 功能可以实现基本位置偏移功能。

15.1.3 码垛要求

在码垛时需要提前了解以下几个问题：①共码几层？每层是怎么排布的？横向几个？纵向几个？②层与层之间的关系是怎样的？是重叠式、正反交错式、旋转交错式，还是纵横交错式？

码垛是指物料有规律、整齐、平稳地码放在托盘上的码放样式。

较为常见的垛型有 4 种，分别是重叠式码放、正反交错式码放、旋转交错式码放、纵横交错式码放。

1）重叠式码放

重叠式码放要求各层的码放方式相同，上下对应，如图 15-3 所示。

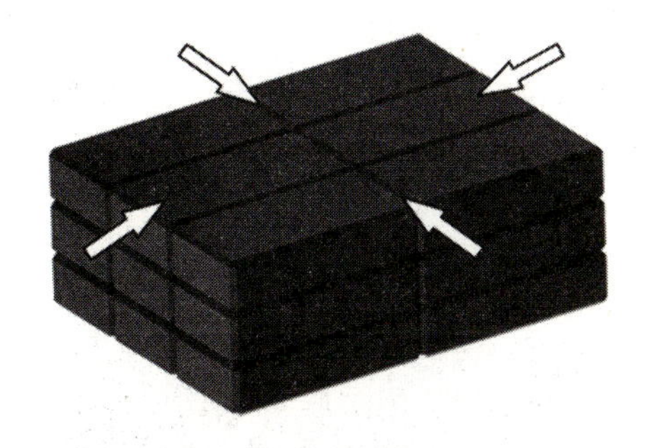

图 15-3 重叠式码放

重叠式码放的优点：操作人员的操作速度快，包装体的 4 个角和边重叠垂直，承载力大。

重叠式码放的缺点：各层之间缺少咬合作用，码垛的稳定性差，容易发生塌垛。

重叠式码放的适用形式：在包装体底面积较大的情况下，采用这种码放方式有足够的稳定性。重叠式码放再配以各种紧固方式，不但能保持码垛稳固而且还保留了装卸操作省力的优点。

2）正反交错式码放

正反交错式码放中在同一层中，不同列的包装体以 90° 垂直码放，相邻两层的码放形式是另一层旋转 180° 的形式，如图 15-4 所示。

正反交错式码放的特点：这种码放方式不同层之间的咬合强度较高，相邻层之间不重缝，码垛的稳定性很高，但操作较为麻烦。

3）旋转交错式码放

旋转交错式码放中同一层中相邻的两个包装体互为 90°，相邻两层的码放形式是另一层旋转 180° 的形式，如图 15-5 所示。

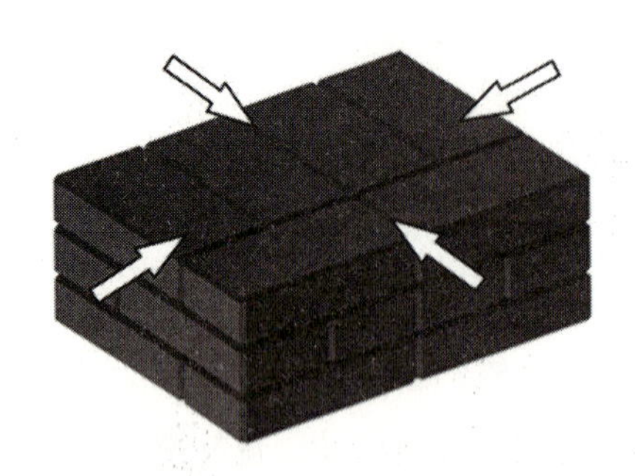

图 15-4　正反交错式码放

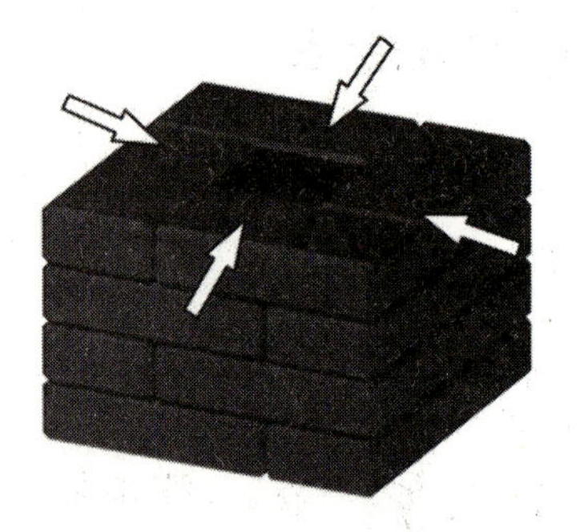

图 15-5　旋转交错式码放

旋转交错式码放的优点：托盘中包装体的稳定性较高，不易塌垛。

旋转交错式码放的缺点：码放难度大，而且中间存在空穴会降低托盘的载装能力。

4）纵横交错式码放

纵横交错式码放中同一层的码放形式相同，相邻两层的码放形式是另一层旋转 90° 的形式，如图 15-6 所示。

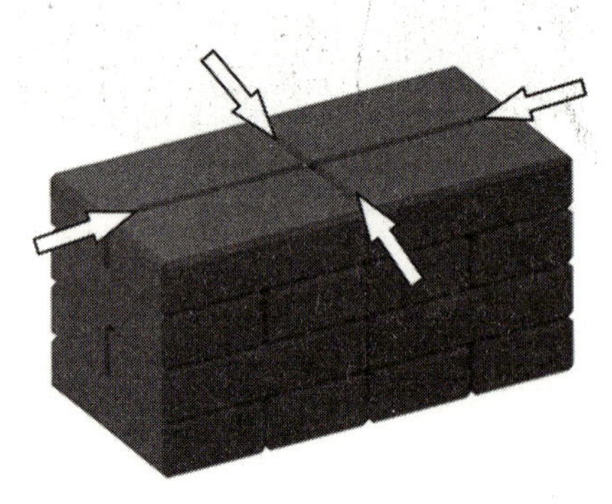

图 15-6　纵横交错式码放

这种码放方式各层之间有一定的咬合效果，但咬合强度不高。

纵横交错式码放的适用形式：纵横交错式码放较适合自动装盘操作。